東京理科大学
坊っちゃん
科学シリーズ
2

実物でたどる
コンピュータの歴史
～石ころからリンゴへ～

東京理科大学出版センター 編

竹内 伸 著

東京理科大学

東京書籍

はじめに
―近代科学資料館と計算機の歴史―

　東京のJR飯田橋駅の西口改札を出ると、すぐに観光客でにぎわう神楽坂通りがあります。そこから2分ほど歩いたところに東京理科大学近代科学資料館があります。普段の日の入館者の多くは神楽坂に観光に来られたおじさん、おばさんの方々です。明治時代の建物を復元したレトロな建物の中に入って、神楽坂の目抜き通りとは全く雰囲気が違う館内で、ちょっと厳かな気分を味わいながら一息つく場所になっています。子どものときに使ったそろばんやパソコン、またエジソン蓄音機の前では話に花を咲かせています。

　中学・高校生はだいたい団体で来館しますので、たいへんにぎやかです。そろばん、パソコン、電卓、コンピュータゲームを除いて、中学・高校生たちにとっては展示品のほとんどが珍しいものばかりなので、好奇の目で見ています。たくさんある機械式計算機の展示場では「これかわいい」などという感想も聞こえてきます。中央ホールには20世紀半ばまで最先端の計算機として活躍したタイガー計算機6台が自由に使えるように置いてありますが、この計算機を回して計算するのに夢中になる機械いじりが好きな学生も少なくありません。「計算機の歴史」常設展では、東京理科大学の元教員の故・内山昭先生や大学に関係のある多くの方々のご協力で、古代から現代までの全時代の計算に関わる多くのものが集められていて、計算機の歴史全体を理解するのに国内では他に匹敵するところはありません。特に、機械式計算機の種類の多さは世界的にも誇れるものです。科学技術の発展とともに、複雑な計算をより速くより正確に行うこと

への欲求は、時代とともに増大しましたが、計算技術の発達の速度は驚くほどゆっくりしたものでした。近代科学資料館に200種類も並んでいる、今ではとても旧式に見える機械式計算機も、20世紀半ばまでは最先端の計算機だったのです。

　この状況を飛躍的に変えることになったのが、電子技術の急速な進歩で誕生したコンピュータです。特に、トランジスタという半導体素子の開発によって次第に小型化、高速化が進み、ついには電子計算機として電卓ができ、個人が使用するコンピュータとしてパソコン(パーソナルコンピュータ)にまで発展しました。今や、コンピュータは単に計算するだけでなく、機器の制御や情報処理に利用できるものになりましたので、パソコンも計算道具というよりは情報処理のための道具といった方が適切です。元来、計算機械が「必要は発明の母」として進歩してきたのに対して、コンピュータの進歩がもたらした今日の情報化社会は、人間の欲求がもたらしたというよりは、コンピュータという技術の進歩が人間社会を変えることになったのです。

　本書には、20世紀半ばまで営々として行われてきた計算道具や計算機への人類の取り組みと、20世紀半ば以降の急速なコンピュータの発達の歴史について、実際の展示品を紹介しつつ、その概要を記しました。本書をお読みいただくとともに、是非、近代科学資料館にご来館いただき、実物を見ながら計算機の歴史をじっくり体感していただければ幸いです。

2012年8月

東京理科大学近代科学資料館館長　竹内　伸

実物でたどる コンピュータの歴史
～石ころからリンゴへ～

はじめに …………………………………………………………… 2

第 1 章　計算機の発達

1. 数を数える、計算する ……………………………………… 8
2. 計算尺 ………………………………………………………… 13
3. 計算機械 ……………………………………………………… 14
4. コンピュータと現代社会 …………………………………… 18

コラム
- 2 進法 ………………………………………………… 11
- 九九 …………………………………………………… 12
- 天才バベイジの解析機関 …………………………… 16
- 日本語ワープロの開発 ……………………………… 21
- 計算速度の進化 ……………………………………… 22

第 2 章　計算道具の時代

1. そろばん以前の計算道具 …………………………………… 24
2. そろばん ……………………………………………………… 30
3. 計算尺 ………………………………………………………… 42

コラム
- 日本のそろばん教育 ………………………………… 32

第3章　**計算機械の時代**
1. 手動計算機、ヨーロッパの文化人の活躍 ………………… 54
2. アナログ計算機 ……………………………………………… 75

コラム ・階差法による多項式計算 ……………………………… 62
　　　 ・情報処理技術遺産 …………………………………… 79

第4章　**コンピュータの誕生と発展**
1. コンピュータと計算機械 …………………………………… 82
2. コンピュータの誕生 ………………………………………… 83
3. ノイマン型コンピュータ …………………………………… 85
4. パラメトロン計算機 ………………………………………… 87
5. ホレリスの国勢調査統計システムとIBMカード ……… 90

コラム ・ムーアの法則 ………………………………………… 92

第5章 コンピュータの大衆化
1. マイクロプロセッサー ……………………………… 96
2. 電卓 …………………………………………………… 102
3. パソコン ……………………………………………… 111
4. コンピュータゲーム ………………………………… 116
　コラム ・嶋正利とマイクロプロセッサー ……………… 99

もっと詳しく知りたい人のための参考文献 …………… 127
計算機の歴史年表 ………………………………………… 128
あとがき …………………………………………………… 130
発刊にあたって …………………………………………… 134

注）・本書に掲載している写真は、2011年4月より近代科学資料館にて常設展示されているものです。
・写真の説明文は館内展示パネルの内容にしたがっていますが、メーカー各社のホームページや社史を参考にしています。
・本書に記載している社名は、原則としてその商品の発売時の社名です。
・本書に記載している商品名は、一般に開発メーカーの登録商標、商標、または製品名です。本文中ではTMおよび®マークは表示しておりません。
・本書に記載している価格は、原則としてその商品の発売時の価格であり、特に記載のない限りは税抜きの価格です。
・本書で取り上げた人物の敬称は省略いたしました。

第 1 章

計算機の発達

第 1 章

第 1 節

数を数える、計算する

　皆さんは1日の生活の中で、何回ぐらい計算しているでしょうか。ほとんど無意識に暗算している回数まで数えると、おそらく相当の回数計算しているはずです。今日のように高度に発達した社会でなくても、人類が社会生活、特に経済活動を営むようになると、正しく数量を足したり、引いたり、掛けたり、割ったりすること (加減乗除) は必要欠くべからざる作業になったのです。

　今でも、指折り数えるということがありますが、太古の昔には、物の数がいくつかということを知るのに、物1つ1つを指1本1本に対応させて数えていたに違いありません。その結果として、世界的に10進法が普及したのです。もの1つを指に対応させると、手と足の指を加えても20以上数えるわけにはいきません。そこで、10をひとまとめの単位と考えて、より多くの数の表現ができるようになりました。さらに10が10集まって百という単位ができ、百が10集まって千ができ、千が10集まって万という単位ができたわけです。わが国の数の表現法は元来中国から伝わったもので、万のあとは1万倍ずつ新しい単位の名前が付き、今日日常的に使われる単位は億、兆、京までになりました (今日、中国では兆、京という数の表現は

使われていないようですが)。西欧では数の呼び名は千倍ごとに付けられたので、現在では世界的に、数字が3桁ごとにコンマで区切られているのです。thousand（千）、million（百万）、billion（10億）、trillion（兆）まで日常的に使われています。

メソポタミアでは2000年も昔に、60を単位とする60進法も用いられていて、今日1時間が60分であったり、ひと回りが360度であることなどに名残をとどめているのです。

道具で計算する

大きな数を計算するのに、指だけでは足りなくなって、人類が初めて計算の道具として用いたのが石ころです。世界最古の計算道具は、ギリシャのアテネのそばのサラミスという島で発掘されました。それはアバカス（abacus）と呼ばれ計算盤を意味し、今日さまざまなそろばんの呼び名にもなっています。石のアバカスの上にカルクリ（calculi [cluculusの複数]でcalculationの語源）と呼ばれる小石を並べて計算を行いました。今日、数を3桁ごとに区切って表現する方法はアバカスの計算に起源があるといわれています。

ローマ時代の発掘物の中に、単に石盤に線を引くのではなく、溝を掘ってその中に珠を並べて溝に沿って移動させて計算する今のそろばんの原型のようなアバカスが出土し、ローマの溝そろばんと呼ばれています。しかし、ヨーロッパではそれが今日のそろばんのような形で普及することはなく、近代まで相変わらずアバカスが広く用いられてきましたが、石のカルクリのかわりに金属製のジュトンまたはジェトン（jeton）と呼ばれるコイン状のものを用いて計算が行われてきました。

中国ではアバカスに相当するものは布や紙の算盤(さんばん)で、カルクリのかわりに木片が使われ、それが日本に伝わり算木と呼ばれています。算木を格子状の線を引いた布や紙の上に並べて計算していました。昔の計算法にも西洋と東洋は石の文化、木の文化の違いがみられます。

　2世紀ごろ中国にはすでにそろばんが存在したといわれ、17世紀ごろには日本でも普及しました。さらにロシア、中近東でもそろばんが使用されるようになりました。しかし、ヨーロッパでは近代までジュトンを用いてアバカス上で計算する方式が続けられてきて、そろばんは普及しませんでした。

　中国や日本で使われてきたそろばんは水平に置いて1玉と5玉を縦に移動する形式であるのに対し、ロシアやイランなどで最近まで商店などで一般に使われてきたそろばんは、5玉がなく、10個の玉を右から左に横に動かして上方に位が上がっていく方式なので、この種のそろばんは中国で生まれたそろばんとは全く異なる起源をもつとの説もありますが、詳しいことはわからないようです。

　そろばんは加減計算には非常に便利なので、近年まで銀行などで業務上の道具として使われていたことは、年配の方はご記憶のことと思います。今でも算数の教育の一環としてそろばんが使われているので、小学生にもおなじみの道具です。しかし、実用的には、特に乗除計算では電卓（電子式卓上計算機）にかなわないので、業務用としてのそろばんはほとんど姿を消しました。

2進法

　10進法表記では各桁が10になると桁上がりするのに対し、2になると桁上がりする表記法が2進法です。ですから、2進法では0と1しか用いません。すなわち、10進法の自然数nが0と1の数a_mを用いて$n=a_m 2^m + a_{m-1} 2^{m-1} + a_{m-2} 2^{m-2} + \cdots + a_2 2^2 + a_1 2^1 + a_0 2^0$と表されるとき、数列$a_m\ a_{m-1}\ a_{m-2} \cdots a_2\ a_1\ a_0$が2進法表記になります。たとえば10進法の100は$100 = 2^6 + 2^5 + 2^2$なので2進法では1100100となります。10進法の数を2進法に変えるには、2で割って1余れば最初の桁は1で、割り切れれば0、2で割った商を続けて2で割って同じ操作を繰り返すことによって求まります。小数の場合は2を掛けた答えが1を超えなければ少数1桁目は0で、1を超えるまで2を掛け続け、1を超えた場合にその桁が1で、その後、少数部分に同様の操作を繰り返すことによって求めることができますが、多くの場合循環小数になります。例えば、10進法の0.1は2進法では0.0001100110011…です。2進法の数の表記は0と1というたった2つの状態、たとえばスイッチがonかoffか、プラスかマイナスか、磁極がNかSかなどで記録することができるので、計算機で計算するのにはたいへん便利です。リレー計算機を経て、電子素子を用いたコンピュータでは2進法を用いて計算が行われています。

コラム

九九

　計算道具を使うにしても、掛け算・割り算では九九を知らなければとても不便です。日本語の起源の大和言葉では、1、2、3、…10を"ひ、ふ、み、よ、い、む、な、や、こ、と"と呼んでいました。8世紀中ごろに大伴家持によって編纂された「万葉集」の中には、九九が遊び言葉として使われている場所がたくさんあります。二二と書いて"し"、二五と書いて"とお"十六と書いて"しし"、八十一と書いて"くく"と読ませる例などがたくさん出てきます。

　2010年12月になって、平城京跡で出土した大量の木簡の中に、役人が九九を勉強するのに使ったと思われる、両面に九九を記したものが多量に発見され、話題になりました。日本では奈良時代にすでに九九が教育されていたのです。書物の中では、平安中期の貴族の子弟用の教科書「口遊(くちずさみ)」に登場します。

第 2 節

計算尺

　そろばんは加減計算にはたいへん便利ですが、何回も掛け算を繰り返す複利計算や多項式の計算などには向いていません。15世紀の終わりに、イギリスの数学者・技術者であるネピアという人が対数の法則を発見し、17世紀に対数尺を用いた計算尺が発明されました。その後、電卓が普及するまでは乗除の概算を行うアナログ計算機として広く普及しました。20世紀終わりには、電卓が普及したので乗除計算が目的の計算尺は世の中から消えましたが、1960年代までは大学の学生実験でその場の概算に使っていましたし、技術者にとっても現場での計算に必携の道具だったのです。今日では、たとえば体重と身長の値から肥満度を求めるなどの、さまざまなデータから評価指標を求める特殊な用途の目的ではまだ用いられています。

第1章

第 3 節

計算機械

　人類の活動が高度化すると、複雑な計算を精度よく行う必要に迫られるようになりました。たとえば、航海のために天体の観測から正確に位置を計算する目的や、大砲の弾がどのような軌道を描くかという弾道計算などを行う目的で、複雑な計算を行う計算機械の必要性が高まったのです。

　こうしたなかで、ヨーロッパでは16世紀ごろから精密機械技術が発達したことにより、ようやく「計算機」と呼べるものが作られるようになりました。17世紀半ばにフランスの著名な数学者であるパスカルが、税務官の父の計算を助けるために、今日残存する最古の歯車式の計算機を作成したのです。ドイツの著名な文化人のライプニッツはそれを改良してさらに高度な計算機を作成しましたが、機械式計算機が市場で販売されるようになったのは19世紀末になってからです。

　その後、商業の目的には、「加算機」と呼ばれる各桁に０から９までのプッシュボタンがついた機械式計算機が普及しました。わが国でも金銭登録機（キャッシュレジスター）として多くの商店で用いられ、今日でもレトロな店ではたまに使っているところがみられます。

一方、乗除を行う機械式計算機として、手回しの計算機が機械工業の先進国であった北欧やドイツを中心に発達しました。

わが国では、1902年に福岡の発明家の矢頭良一（やずりょういち）が手回し計算機の特許をとり、発売したのが機械式計算機の最初です。その後、20年ほど経て大本寅次郎が「虎印計算器」（後にタイガー計算器と改称）を販売し、1960年代に電卓が販売されるまで全国に大量に販売したので「タイガー計算器」は手回し計算機の代名詞のようになりました。1960年代までは、多くの研究者や技術者がタイガー計算器の恩恵に預かっていました（63頁参照）。

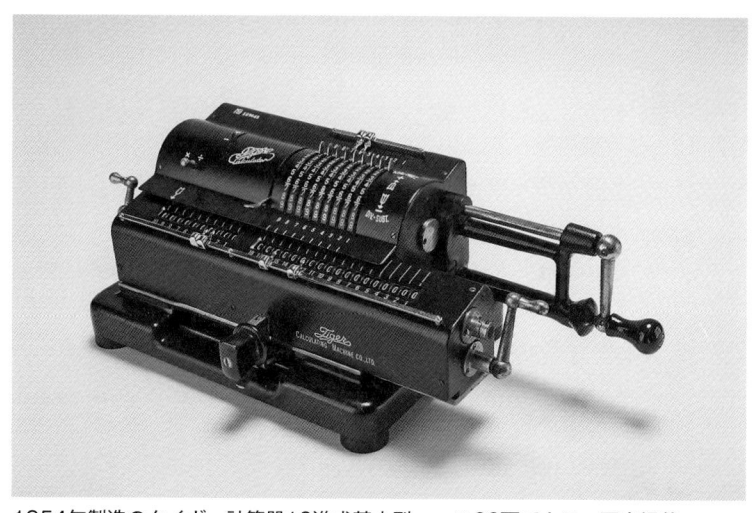

1954年製造のタイガー計算器10進式基本型　　※66頁でカラー写真掲載

コラム

天才バベイジの解析機関

　イギリスの数学者バベイジ(C. Babbage 1791-1871)は、人間を骨の折れる作業から解放するというライプニッツの思想を受け継いだ天才でした。最初の動機は、対数表を機械に計算させるということと、人力にかわって当時の最先端の蒸気機関に計算させるという着想でした。多項式の数表を作るのに、掛け算を使わずに階差の和で計算できることを利用する「階差機関」の作成には、政府からの補助金を得て開発に成功しましたが、歯車の精度が十分でなく、演算速度も革新的に速いものではありませんでした。

　その後、単一のプログラムだけでなく汎用性を備えた計算アルゴリズムを持つ今日のコンピュータに近い「解析機関」と呼ばれる複雑な計算機械を設計して製作を試みましたが、資金難と当時の精密機械技術が未熟であったために完成には至りませんでした。この解析機関は「演算部」「貯蔵部」「制御部」からなり、パンチカードで制御するという今日のコンピュータを先取りするような優れたものでした。時代を先取りする製品のアイディアも、それを支援する体制や技術レベルが伴わないと成功しない典型的な例といえます。

設計図により復元されたバベイジの第1号階差エンジンと呼ばれる階差機関。ロンドンの科学博物館所蔵のもののレプリカ(国立科学博物館より借用展示)。

第1章

第 4 節

コンピュータと現代社会

　20世紀の前半から、電子技術が急速に進歩し、計算機の進歩のペースが飛躍的に速くなり、同時に人間活動における計算機の役割が急速に増大しました。今日でこそパソコン（パーソナルコンピュータ）もコンピュータの一種で身近な存在ですが、コンピュータ（電子計算機）が生まれたころは日常使われる計算道具とは一線を画す大型の計算機械で、特別な大型計算を行う特殊な機械でした。当初は、Personal Computer（PC）なるものができるとは想定されていなかったのです。

　また、コンピュータは単に計算を行う計算機械という役割だけでなく、数値に関するある種の判断を行いつつ計算を進める論理判断を備えているところがそれまでの計算機械と本質的に異なる点です。コンピュータの進歩は電子素子の発展とともに、第1世代から始まり今日は第4世代で、現在第5世代のコンピュータの開発が行われています。

　コンピュータが大学、国の機関、大企業などで使用される特殊な計算目的で製作されていた時代から、電卓やパソコンという個人レベルで使用される電子計算機が普及するに至った要因は、大規模集

積回路（LSI）が作成されるとともに、それらが単にトランジスタの集積されたものではなく、その集積回路（IC）自身が特定の計算機能をもつ小型のコンピュータの役割を果たすマイクロプロセッサーと呼ばれるチップとして1970年代から続々と作られるようになったからです。電卓ができて世の中から機械式計算機や計算尺、また対数表、三角関数表などが駆逐され、ワープロ（ワード・プロセッサー）ができ、パソコンができてタイプライターが駆逐されるという事務処理革命が起こりました。また、コンピュータが単に計算するだけの機能でないのと同様に、パソコンはコンピュータという名が付いていても、計算目的が主な利用ではなく、文書作成、電子メールやインターネットに用いるように、情報処理を行う道具といってもよいものに変わりました。

　アップルコンピュータ社を創設しパソコンの普及の先駆者であり、その後も独創的な製品を作り続けたスティーブ・ジョブズ（Steve Jobs 1955-2011）は2011年に亡くなりましたが、計算道具は石ころ（アバカス）からリンゴ（アップル）に進化し、その役割も大きく変貌したのです。

　計算する道具として発展した計算機は、電子機器の時代に入ると、もはや計算を行う道具の枠を大きく超えて、日常生活のほとんどの分野でさまざまな機器を制御する道具となり、また大量の情報を処理する道具として、20世紀後半から50年ほどの短期間に極めて急速に人間の生活に大きな影響を与えるようになったのです。計算機械は計算する必要性に迫られて、「必要は発明の母」として発展してきました。しかし、今日では、電子技術の進歩が速すぎて、人間が想定していなかったような「技術革新が社会を変革する」役割を果

たす時代になりました。技術の進歩は人間がもたらすものではありますが、その結果が人間の生活に与える影響は必ずしも想定されるものではありません。たとえば、今日達成した情報化社会が、人々が必要とする知識、情報を手に入れることを極めて容易にし、人間の生活を格段に便利にしていることは確かですが、一方で、人間本来の探究心や思索能力の涵養を阻害しているかもしれません。また、人類社会にグローバル化がもたらされることにより、民族固有の文化の多様性を失わせていくかもしれません。

　技術革新は人類のさらなる発展にとって重要ですが、それがもたらす効果は、20世紀の戦争に用いられた大量破壊兵器の開発や近年の大量エネルギー消費がもたらす地球温暖化問題に代表されるように、必ずしも人類の未来にとってプラスだけとは限りません。計算機の発達の結果もたらされた今日の高度技術社会と情報化時代が人間に与える負の影響についても十分留意しなければならないと思います。

　上述してきましたコンピュータの大衆化の一環として、パソコンよりも高性能のワークステーションと呼ばれるシステムが、1980年代からさまざまな種類の職場でさまざまな目的で利用されるようになりました。一方、大学や公的機関などで用いられる大型コンピュータも着実に進歩し、それが科学・技術の発展に大きな貢献をしてきたことは言うまでもありません。大規模計算を行う目的で、演算速度が特に高速な「スーパーコンピュータ」と呼ばれる機種の開発競争も進められてきました。このような大型計算機によって、自然現象をコンピュータ内で実現する「シミュレーション」が可能になりました。短期の天気予報の精度が高くなったことも、地震の発生に

伴う地震波の到達時刻が瞬時に予測できるようになったことも、大型コンピュータの発達のおかげです。

21世紀初頭に、国家プロジェクトとして「地球シミュレータ」と呼ばれる大規模な計算を行うスーパーコンピュータが作られたことはよく知られています。工学の面では、建造物の耐震性などの安全性の評価、高性能機器の設計などの目的に計算機シミュレーションが応用され、現代社会に大きな貢献をしていることを忘れてはなりません。

日本語ワープロの開発

ワープロは今日では（1990年代半ばから）パソコンに搭載されていますが、開発当初は専用の小型コンピュータとして、非常に高価（300万円）なものでした。日本語は文字が多様であり、しかも同一発音で異義語の言葉が多数あるため、ワープロのソフト開発は他言語の場合に比べて非常に難しいものです。

1978年9月に東芝でカナ漢字変換方式の本格的日本語ワープロ製品を開発したのが、現東京理科大学専門職大学院教授の森健一でした。森は2種類の頻度情報を活用して高速、高精度のワープロ開発に成功しましたが、その苦労話はNHKの番組「プロジェクトX」にも取り上げられました。

計算速度の進化

　図は横軸に年代、縦軸に計算速度（1秒間に行うことのできる計算回数）を対数で示した図です。20世紀後半からいかに急速に計算速度が上昇したかが見て取れます。現在はまだ第4世代のコンピュータですが、20〜30年後には第5世代のコンピュータができて、現在はまだ不可能なより複雑な計算も可能になると考えられ、さらに飛躍的発展が期待されています。

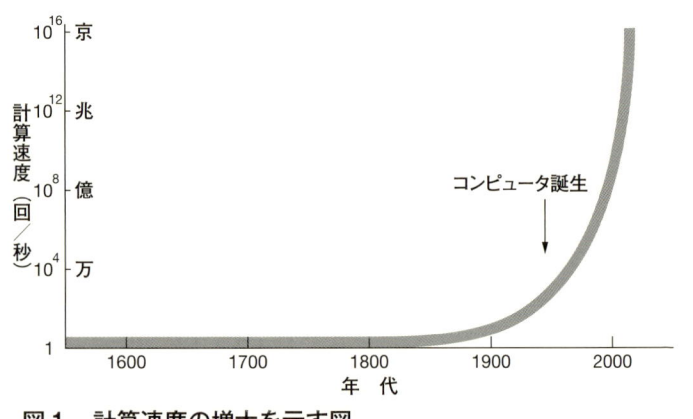

図1　計算速度の増大を示す図

第 2 章

計算道具の時代

第2章

第 １ 節

そろばん以前の計算道具

　文字のない文化で知られるインカ帝国では、出来事や数量を記録するのにキープと呼ばれる縄の結び目を用いる方法が行われていました。江戸時代には、太平洋を隔てた沖縄でも同様に藁縄に結び目を付けて数を表し計算する藁算（「ばらざん」とも読む）が用いられていたことは興味あることです。人間の考えることは人種、文化にかかわらず共通であるという事実は、古代ギリシャで発祥したアバカス（算盤）とカルクリ（小石）を用いた計算手法が、材料をかえて世界各地で行われていたことにもみられます。

　中国では、紀元前1100年に出版された書物に算盤と算木を用いる計算法が記されているといわれています。わが国では、中国からの伝来によって、数cmの長さの赤と黒に塗られた木片の算木と、折りたたみ式の紙または布の算盤を用いて計算が行われていました。算盤の上に算木を置いて、それを移動しながら計算をしたのです。計算法の簡単な例を26頁の**図2**に示します。

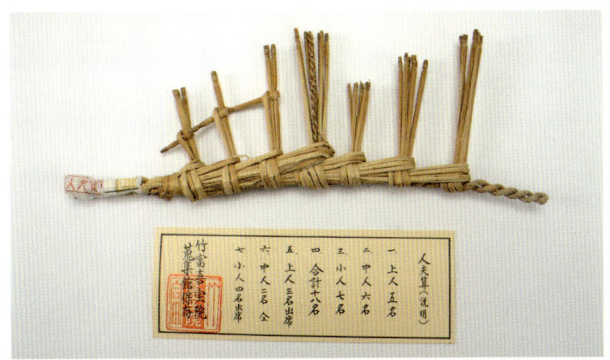

沖縄で用いられた藁の結び目に数を記録する藁算

同じく計算用の藁算

江戸時代に用いられていた計算用の算盤と算木

図2　算木による計算の例

算盤図

十万	万	千	百	十	一	
						商
						実
						法
						廉

算木の置き方

	1	2	3	4	5	6	7	8	9
奇数桁	I	II	III	IIII	IIIII	T	ㄫ	Ⅲ	Ⅲ
偶数桁	―	=	≡	≣	≣	⊥	⊥	⊥	⊥

563 + 48

百　十　一

IIII	⊥	III	563
	≡	Ⅲ	48

IIII	⊥		560
	―	I	11
	≡		40

| IIII | | | 500 |
| I | ― | I | 111 |

| T | ― | I | 611（答） |

728 × 16

万　千　百　十　一

		ㄫ	=	Ⅲ	728
	―	T			1600

7×1600

		ㄫ	=	Ⅲ	728
I	―	II			11200
	―	T			

11200
+2×160

		ㄫ	=	Ⅲ	728
I	―	IIII	=		11520
		I	⊥		160

11520
+8×16

		ㄫ	=	Ⅲ	728
I	―	T	≡	Ⅲ	11648（答）
			―	T	16

左の図は江戸時代に使われていた算盤の一部で、算盤上で行う足し算・掛け算の例を示します。算盤上の各桁(けた)の中への算木を用いた数の置き方がその下に示してあります。奇数桁と偶数桁で置き方が違うのは、隣の桁の算木と混同しないためと思われます。

　下の左の列は足し算、右の列は掛け算の例を示しています。左の最上段は最初の置き数で、商の欄に足される数、法の欄に足す数が置かれています。下の段に向かって計算の過程が示されていますが、下の桁から足し算を行って実の欄に答えが得られます。

　右の列は掛け算の例ですが、掛けられる数を商に置き、掛ける数の最下桁を掛けられる数の最上桁に合わせて法に置きます。まず、掛けられる数の最上桁と掛け算を行い、その積を実の欄に置きます。次に掛ける数を右に1桁ずらして掛けられる数の2番目の桁の数と掛け算して、実の値に加えます。次にまた掛ける数を右にずらして同様の計算を行うことにより、実の欄に答えが得られます。掛ける順番は違いますが、現在行われている筆算と原理は同じです。

江戸時代に和算が進歩すると、算盤と算木を用いて、連立方程式や高次方程式の解法も開発されました。なお、現在ではもっぱら占いに用いられている竹ひごの筮竹(ぜいちく)も、算木のかわりに計算に使われていたようですが、長さが長いので計算には不便だったのではないかと思われます。

　ヨーロッパではアバカスとカルクリの計算法が受け継がれましたが、カルクリ(小石)がジュトン(jeton)と呼ばれる金属製のコイン状のものになって、近代まで商人が売買の際に計算に使っていました。

　なお、公衆電話や公共乗り物の専用のコインとして、欧米で現在広く使われている金属製のコイン状のものもジュトンと呼ばれています。石ころや木片ではなく、それ自身価値のある専用のコイン状のものがアバカス上で計算に使われてきたことは、商人が自らの行う計算の権威を示す意図がうかがわれます。

　近代科学資料館には、アメリカの先住民が用いた珍しい算具も展示してあります。動物の角に5×2の10個に区切った穴が全部で130個開けられていて、その穴に木製のピンをさして計算する道具です。

計算用のジュトンの表と裏。直径約2cm

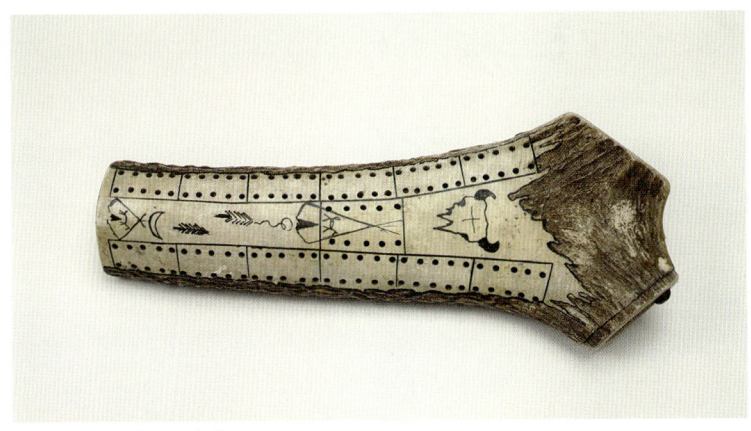

アメリカの先住民の角算具

第 2 節

そろばん

　「そろばん」の定義は明確でなく、その起源についてもさまざまな説があります。紀元前には、メソポタミアでは砂に線を引いて石を置いて計算する「砂そろばん」と呼ばれる痕跡(こんせき)があり、ローマ時代には、第１章で述べたように、溝に沿って珠をスライドさせる「ローマの溝そろばん」と呼ばれるものが発掘されています。近代科学資料館には、そのレプリカが展示されています。

　私たちになじみのある「そろばん」は中国に起源をもつもので、今日の珠算という言葉は、すでに２世紀ごろの中国の文献『数術記遺』の中にみられます。しかし、広く普及したのは元（13世紀半ばから14世紀半ば）の時代といわれています。中国のそろばんは５玉（５を表す）が２つで１玉（１を表す）が５つ（天２、地５という表現が使われる）あり、各桁が15まで表示できるようになっているのは、重さの単位として１斤＝１６両という関係があったからであるという説があります。

　日本語の「そろばん」の起源は、中国語で算盤をスアンパンと読むことに由来するとされています。中国から日本にそろばんが伝来したのは、15世紀末のわが国の状況を記した『日本風土記』（16世

紀、中国）にそろばんの記述があることから、室町時代末には普及していたと考えられています。わが国では現在もそろばんの産地として有名な兵庫県小野市の「播州そろばん」と島根県奥出雲町の「雲州そろばん」が代表的なそろばんです。

　近代科学資料館には中国と日本各地のそろばんがたくさんあります。日本でも明治以前には中国のそろばんと同じ5玉2つ、1玉5つのそろばんが使われていました。明治に入ると5玉が1つのそろばんが普及しましたが、昭和10年に行われた文部省の教科書改訂の際につくられた「算術教育の大綱」でそろばんが小学校で必修になるとともに、教育用そろばんが5玉1つ、1玉4つの最も計算効率のよい現在の型に統一されました。中国のそろばんの珠（たま）が丸みを帯びた団子形なのに対して、日本のそろばんの珠は江戸時代から指で上げ下げしやすい菱形をしているのが特徴です。この辺にも日本人特有の輸入品を改良する伝統がすでにみてとれます。33頁からは近代科学資料館に展示してある典型的なそろばんとともに、珍しい中国と日本のそろばんを紹介します。

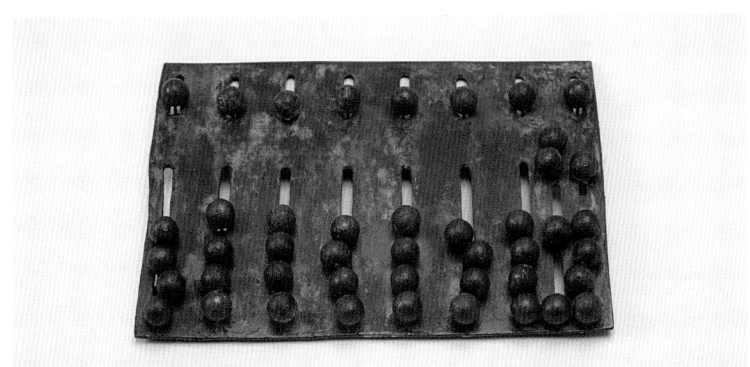

ローマの溝そろばん（レプリカ）

日本のそろばん教育

　日本では明治まで子どもの教育は「寺子屋」で行われていました。寺子屋の起源は室町時代にお寺に預けられた子どもに字を教える「手習い所」から始まったといわれています。後に、家から通う子どもたちに習字を教える私塾がおもになりました。

「寺子屋」が全国に普及し、習字だけでなく「読み書きそろばん」を教育するようになったのは元禄時代（1700年前後）のようです。各藩が教育に力を入れたこともあり、町だけでなく農村を含めて全国的に普及しました。その結果、江戸末期の日本の識字率は世界最高水準にあったといわれています。寺子屋教育に「読み書き」だけでなく「そろばん」が加わっていましたので、そろばんのおかげで日本人の計算能力も世界一だったのではないでしょうか。

中国のいろいろなそろばん

珠に杏の種を用いた中国の初期の杏核珠そろばん

中国の天2(5玉2つ)、地5(1玉5つ)の一般そろばん

縦棒に鯨のひげも使用した中国の鯨のひげそろばん

中国の20進法の計算用の天3、地4のそろばん

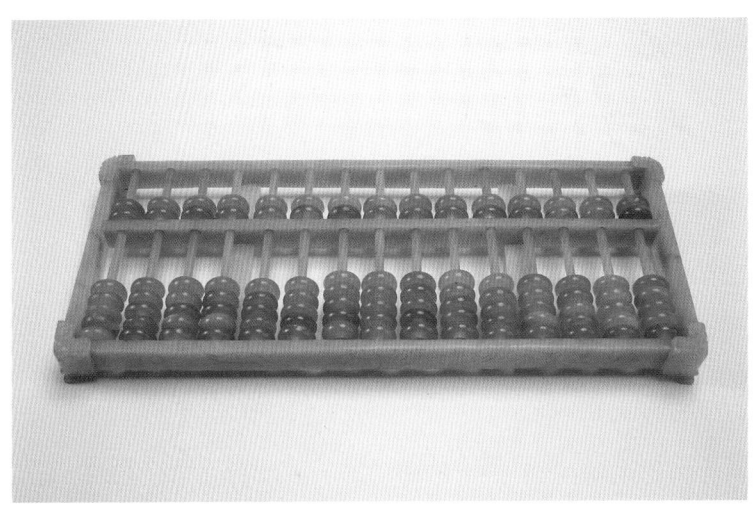

すべてヒスイで作られた中国のそろばん

中国の占い用の円型そろばん

日本のいろいろなそろばん

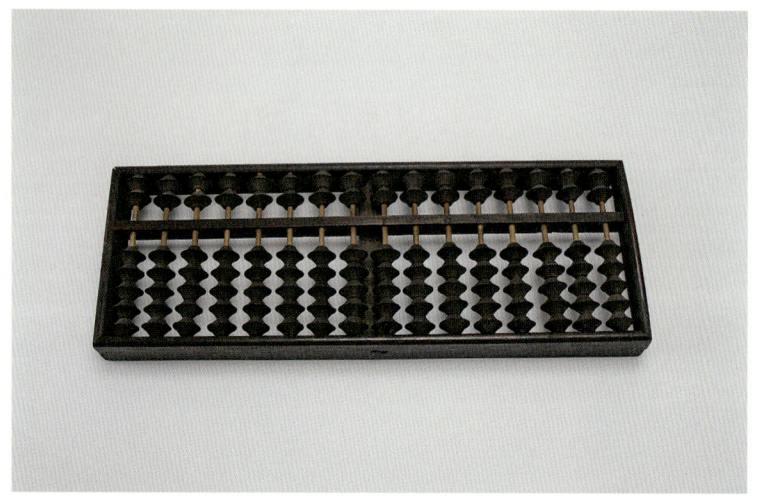

天保（1830-1843）のころのそろばん。桁棒はまる竹、珠は梅、枠は樫。

安政2（1855）年の播州そろばん。桁棒は割り竹、珠は柊、枠は奈良樫。

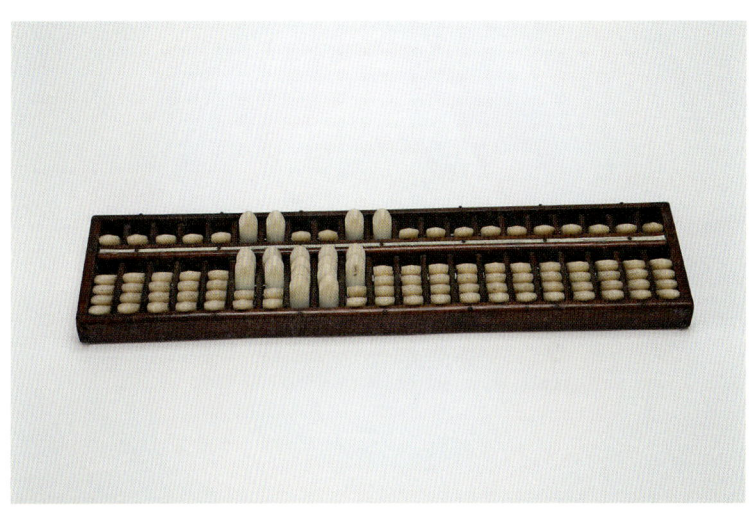

上げた珠と上げていない珠を区別しやすい板状の珠を用いた盲人用そろばん

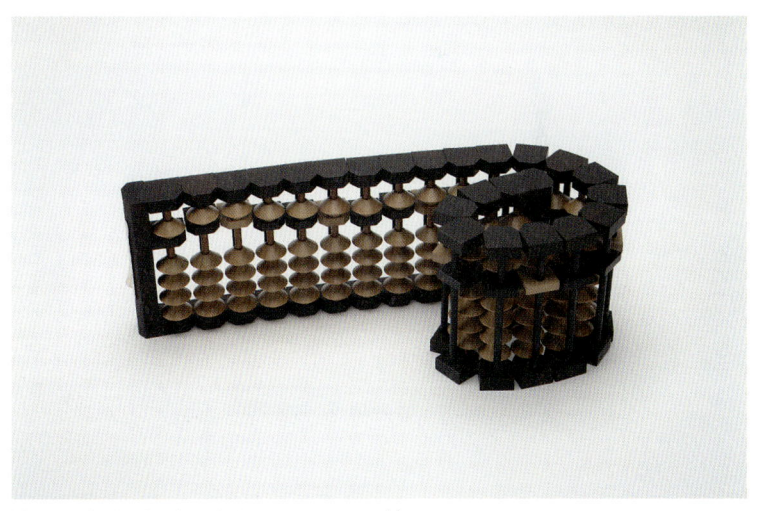

持ち運びに便利な丸められるロールそろばん

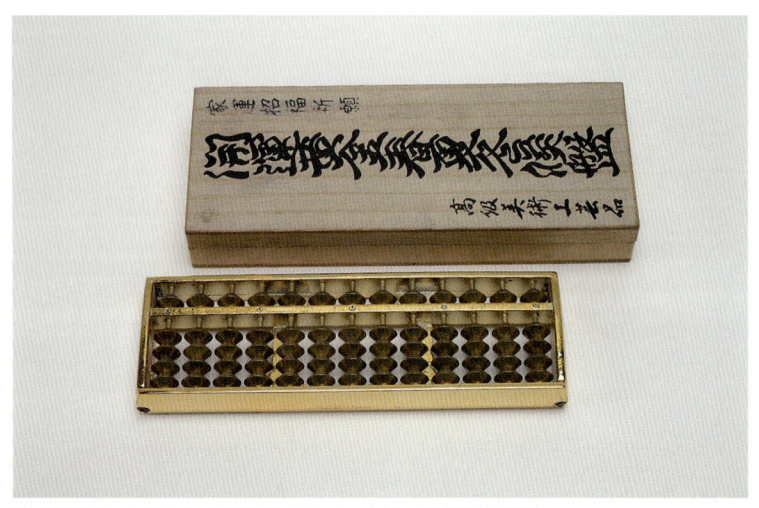

「家運招福」と書かれた贈答用の金メッキ枠の開運そろばん

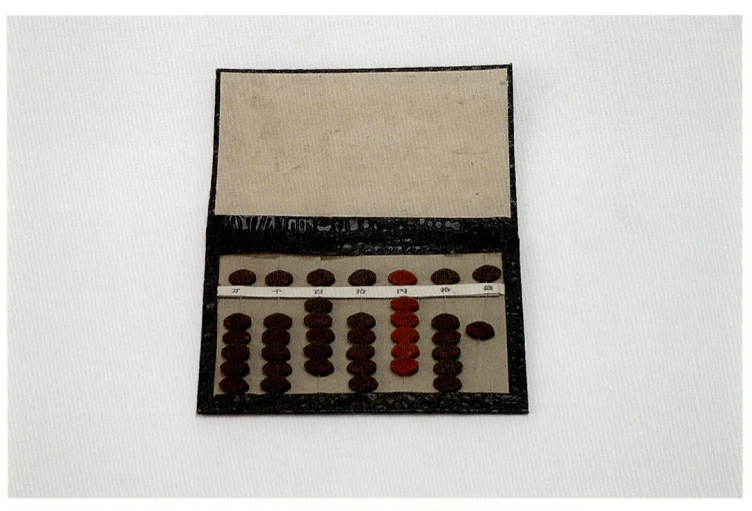

馬の尻尾の毛に通したフェルトの珠を動かす携帯用の紙そろばん

山師が樹木の数を計算するために使った江戸中期の懐中紙そろばん。上下に紙を出し入れして計算する。

大正後期に作られた贈答用の真珠そろばん

ロシアや中近東で使われてきたそろばんは、中国および東アジアで使われてきたそろばんとは形や使い方が異なるものなので、その起源が中国とは異なるのではないかという説もあります。ロシア語でショーティと呼ばれ、そろばんを縦に置いて10個の珠(たま)を横にスライドさせて計算することと、桁が下から上に繰り上がる点が異なります。下から4段目の4個の珠の桁がありますが、この桁は固定定位点で、その下は小数を表すのに使われます。ロシアでは近年まで町の商店で使われてきたものです。次頁にロシアとイランの大型そろばんの写真をのせました。

　世界のそろばんを比較すると、日本のそろばんが最も使いやすく、高速で計算できることは間違いありません。日本人の高性能、高品位製品の開発能力は今に始まったことでないことが良く分かります。年配の方はご存知のように、電卓(電子式卓上計算機)が普及するまでわが国では銀行や商店でそろばんは必需品として使われてきました。現在は実用的に使われることは少なくなりましたが、小学生の算数の教育にはたいへん便利なものなので、日本だけでなく最近では、外国でも教育に使われている優れた計算道具であるといえます。

　アジアでこれだけ普及したそろばんが、ヨーロッパでは普及せずに、相変わらずジュトンを用いた算盤上の計算が近代まで続いてきたことは興味のあることです。壊れやすい木と竹でできたそろばんが石の文化になじまなかったのでしょうか。

ロシア(上)とイラン(下)の大型そろばん。

第 2 章

第 3 節

計算尺

　計算尺というアナログ計算機が世の中から消えて久しくなりました。1960年代までは科学者・技術者の間で、掛け算・割り算を簡便に行う便利な計算道具として、ポケット電卓が普及するまで広く普及していました。足し算・引き算はそろばんで簡便に行えますが、掛け算・割り算をそろばんで行うには時間がかかります。計算尺は掛け算・割り算を足し算・引き算で行う優れた道具です。それには対数という新しい数の概念が必要になります。

　対数を発見したのは、イギリスのネピア（J. Napier 1550-1617）という数学者で、1614年に対数表を発表しました。ネピアは対数尺を発明するとともに、"ネピアの棒" を考案し（**図3-a**）、"棒計算術"を普及させました。中国や日本でも漢数字の棒が作られ、近代科学資料館にもそれらが展示されています。

　ネピアの計算術では**図3-a**に示すような九九の値を、答えが2桁の場合は三角の中に分けて記した10種類の棒を多数用意して計算します。掛けられる数の棒を**図3-b**の上の図に示すように接して並べます。そして掛ける数の各桁の部分を、**図3-b**の下の図に示すように位の高い順に斜めの線の入ったマス目に書き出して、三角のマ

ス目の中の数値を下の列から順に斜めに加えることにより積の値が得られます。376×483の場合の例を示しています。九九が得意でない欧米人にとっては、足し算だけで掛け算の答えが出るのでたいへん便利であったと思います。ネピアの棒による計算法は19世紀初めに日本にも伝わり、籌算(ちゅうざん)と呼ばれていました。

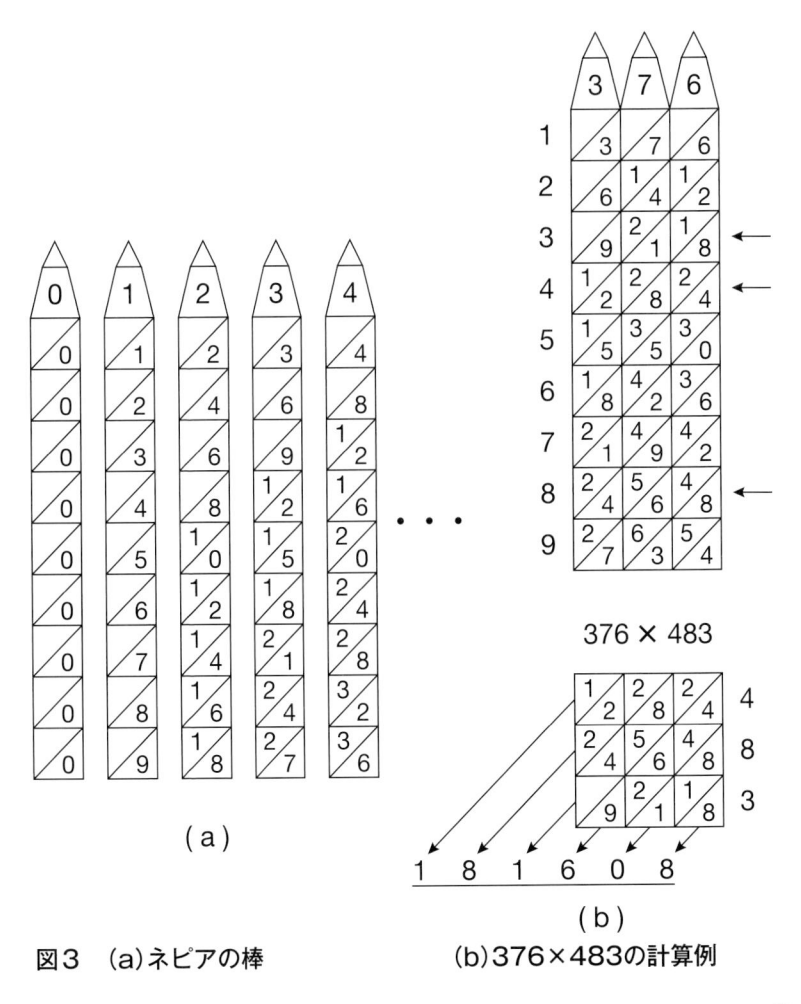

図3　(a)ネピアの棒　　　(b)376×483の計算例

その後、1620年にイギリスの天文学者ガンター (E. Gunter) によって対数の値を目盛ったガンター尺が作られました。乗除を行うには、対数の値の大きさをコンパスで計ってそれをガンター尺上で足したり引いたりして答えを出す不便なものでしたが、ガンター尺を2つ用意して、2つの対数尺を互いにスライドさせる今日の計算尺 (slide rule) を発明したのは、やはりイギリスのオートレッド (W. Oughtred) という数学者で、1622年のことといわれています。

用いられる対数には常用対数と自然対数がありますが、ここでは計算尺の目盛りに用いられる常用対数で計算尺の原理を簡単に説明します。ある数xの対数Xとは $x=10^X$ を満たすXの値です。同様にyとその対数Yとの間には $y=10^Y$ の関係があります。その結果、xとyの積は $x \times y = 10^X \times 10^Y = 10^{X+Y}$ となりますので、対数表

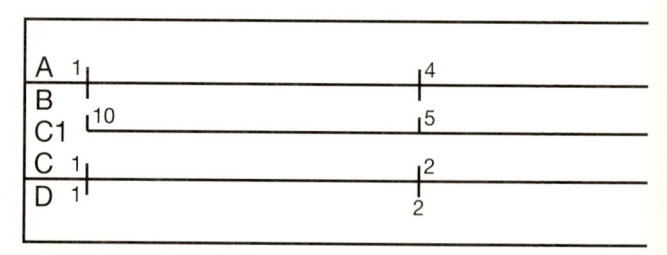

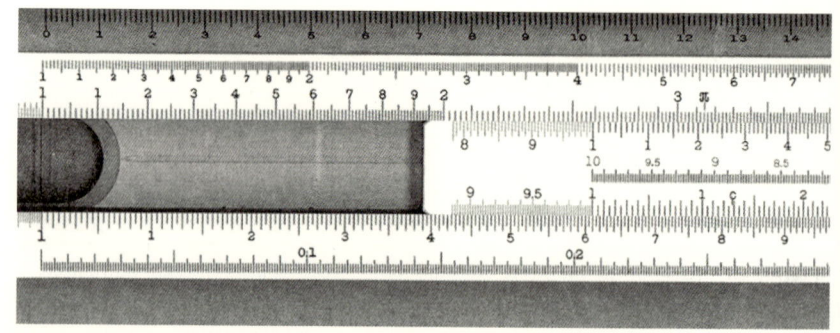

図4 計算尺の構造の模式図(上)と実際の計算尺の一部分(下)。

でXとYを求めてZ＝X＋Yを計算し、次に対数がZとなる元の値（真数）を対数表で求めれば答えが得られます。すなわち、対数表があれば掛け算を足し算で求められるのです。同様に、割り算は対数の引き算から求まります。

広く用いられてきた計算尺の構造を**図4**の上に示します。上下の2つの固定尺（A尺・D尺）の間に固定尺の間をスライドする滑尺（B尺・C尺）があり、目盛りの位置を正確に合わせるための、細い縦の線の付いたスライドする薄いガラス板のカーソル（図では省略）から構成されています。C尺・D尺には同じ対数目盛りが左から右に向けて付けてあり、A・B尺にはC・D尺の目盛りの半分の長さで目盛ってあります。

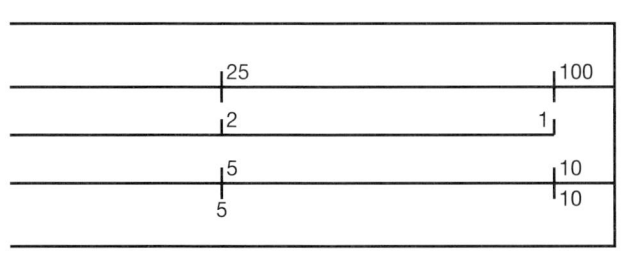

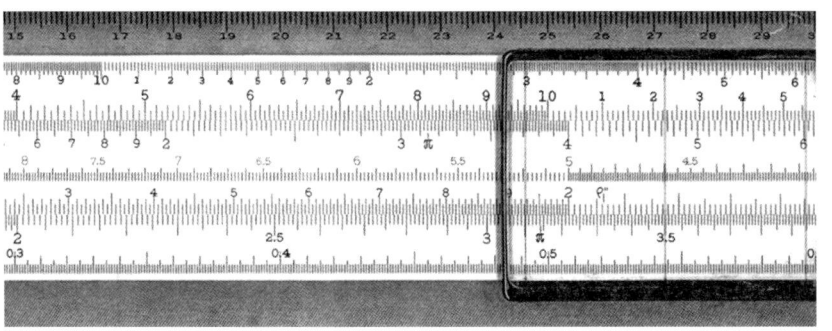

滑尺の中央には、C・D尺と同じ対数目盛りが右から左に向けて付けてあるC1尺があります（実際の計算尺には固定尺の外側などにも目盛りが付けてありますが、ここでは省略してあります）。

　掛け算はD尺の掛ける数とC1尺の掛けられる数をカーソルで合わせて、C尺の左端の1の位置または右端の10の位置のD尺の値を読んで求めます。割り算は割られる数のD尺の値と割る数のC尺の位置を合わせて、C尺の1の位置または10の位置のD尺の値を読んで求めます。図の下には実際の計算尺の一部を写真でのせてあります。滑尺とカーソルが移動されていて、3.50×4.60＝16.10、3.50÷2.17（4）＝1.61の計算の場合が示されています。また、A尺の値から3.5^2＝12.2（5）が求まります。なぜこのようにして求まるのかは、対数の性質から理解できると思います。

　以上の例でも分かるように、計算尺を用いる計算で注意しなければならない点は、位取りを考えなければいけないこと、答えの精度に気をつけなければならないことです。電卓では自動的に少数点の位置が正しく付いてくると同時に、答えが7桁も8桁も出てきます。計算尺の計算の答えは3桁（最高位の数値が1の場合に限り4桁）しか読めませんので、有効数字は3桁（例外的に4桁）です。したがって3桁以上の精度が必要な計算には使えないわけです。しかし、計算尺を用いて計算することは、対数という概念の理解だけでなく、電卓を使っていては身に付かない"有効数字"や"概数"といった概念の理解に役立つものです。

　わが国ではあまり普及しませんでしたが、最初にオートレッドが作成した計算尺は同心円の2つの円盤をスライドさせる円盤式計算尺でした。乗除の計算に、直尺の場合には対数尺が少なくとも3組

必要なところ、円盤では2組ですむので便利ですが、製作が難しいという欠点があります。17世紀後半には、読み取り精度を高めるために渦巻型、らせん型計算尺に発展しました。

　1657年にパートリッジ（S. Partridge）が直尺計算尺を作成したのが現在のものの原型といわれ、18世紀の半ばにフランスの軍人マンハイム（A. Mannheim）がカーソルを用いて4種の目盛りを付けたマンハイム型を作り広く普及させました。

　48頁からの写真では外国のさまざまな計算尺を紹介します。

外国のいろいろな計算尺

オートレッドが考案した円盤計算尺を1957年に日本でプラスチックを用いて復元したもの

19世紀中期にブッチャー(イギリス)が円盤計算尺を懐中時計型に改良した計算尺

1881年にサッチャー(アメリカ)によって考案され、1884年ダエメン・シュミット社(スイス)で製作されたロガ円筒式大型計算尺

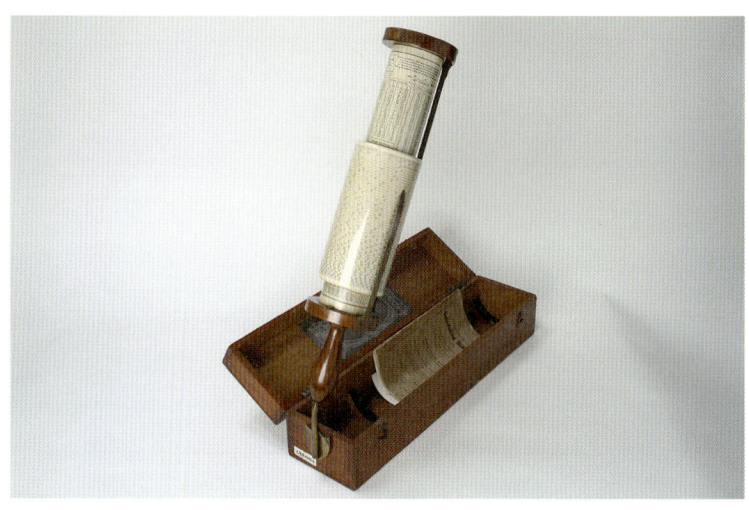

1878年にフーラー(イギリス)によって考案され、スタンレー商会(イギリス)で製造されたフーラー円筒式らせん型計算尺

外国のいろいろな計算尺

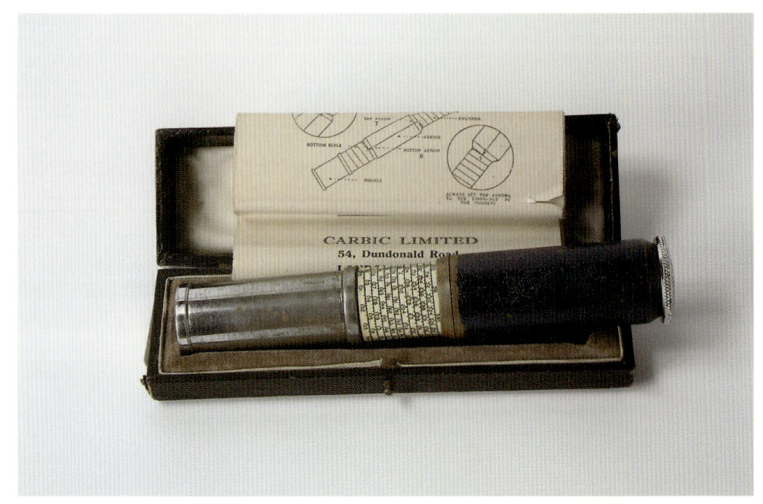

フーラーによって考案されオーチス・キング社で1923年に携帯用に改良されたオーチス小型円筒式らせん型計算尺

　わが国では、1894年に欧米視察団が持ち帰ったマンハイム型計算尺をもとに、日本一の目盛り工といわれた逸見治郎(1878-1953)が日本特有の孟宗竹の合板を用いた伸縮の少ない竹製計算尺で特許を取り、逸見製作所を起こしました。表面にはセルロイドを貼って目盛りが付けられました。その後ヘンミ計算尺株式会社に改称し、ヘンミ計算尺として世界的ブランドとなり広く普及に貢献しました。1960年代半ばには世界の70％のシェアがあったといわれています。

　なお、計算尺には単に計算を行う目的だけでなく、特定の指標を求めるための計算尺もたくさん作られています。たとえば、天文航海計算尺、カロリー計算尺、体重バランス計算尺、航空計算尺などで、これらは電卓が普及した今日でも用いられているものがあります。

広く普及したヘンミ計算尺

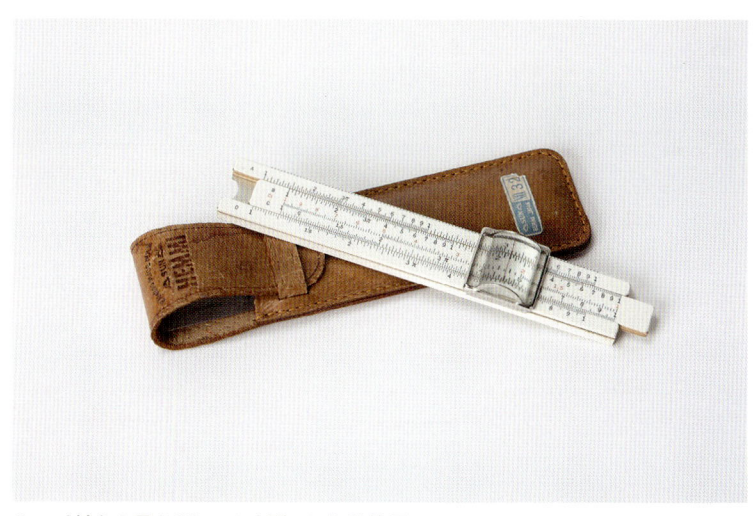

ルーペ付きの長さ12cmの小型ヘンミ計算尺

第 3 章

計算機械の時代

第3章

第 1 節

手動計算機、ヨーロッパの文化人の活躍

　計算道具の時代から初めて計算機械といえるものが作られるようになるのは、17世紀になってからです。このころから機械工作技術をはじめさまざまな工業技術が発達して産業革命がもたらされますが、その中で精密な歯車を用いた機械式計算機が作られるようになったのです。世界で最初に計算機械を作ったのはドイツのシッカート（W. Schickard 1592-1635）であるとされています。シッカートはネピアの計算棒による乗除計算を歯車による加減機構により実現する計算機の作成を計画しましたが、残念ながら現存するものはありません。現存する最古の歯車式計算機の製作者は、数学者、物理学者、哲学者として世界的に著名なフランスのパスカル（B. Pascal 1623-1662）で、その後はドイツの哲学者で数学者のライプニッツ（G. W. Leibniz 1646-1716）といった歴史的文化人が貢献したことはあまり知られていません。時代を先取りする思考法や行動こそ、パスカルやライプニッツが偉人たるゆえんであるといえます。

　パスカルは税務関係の地方行政官であった父親の税金計算をする目的で歯車式計算機パスカリーヌを試作し、それが今日世界最古の歯車式計算機として残されています。

1642年にパスカルが試作した計算機パスカリーヌ。IBM社が所蔵しているもののレプリカ(国立科学博物館より借用展示)

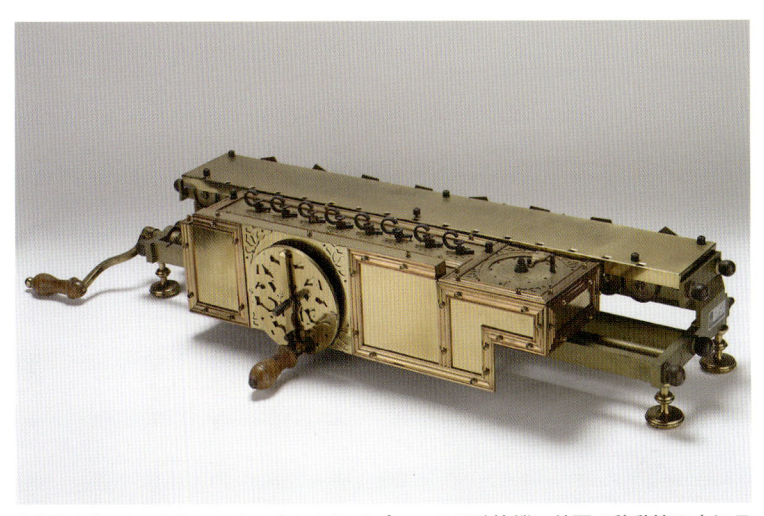

1673年にパスカリーヌを改良したライプニッツの計算機。前面の移動箱の中にライプニッツ考案の円筒段差歯車が組み込まれている。ドイツのハノーバー国立図書館所蔵のもののレプリカ(国立科学博物館より借用展示)

歯車といっても、一方向にしか回らないピン歯車という原始的なもので、基本的には加算しかできないものでした。パスカリーヌは50台ほど製作されたといわれています。ライプニッツはパスカリーヌを大幅に改良して1673年に乗除計算も行える計算機を発明しました。ライプニッツは時計に使われている精密な歯車を使えば性能がよくなると考え、技術者の助けを借りて優れた計算機を作ったのです。彼は、**図5-a**に示す段差歯車を用いて、足し算も引き算も可能にし、さらに計算機の手前に付いている移動箱（55頁下の写真参照）を横にずらすことにより、桁を変えて加減計算ができる機構を考案し、乗除算を可能にしたのです。

図5

（a）**段差歯車**（清水長一
　　『計算器械構造論』より）

[参考]
（b）**扇型歯車**（渡邉祐三
　　『美 機械式計算機の世界』より）
　　（64頁で詳述）

段差歯車の機構は、**図5-a**中の10歯の歯車Bの位置を軸方向に移動させることにより、1個から9個の歯が段階的に付いた段差歯車が1回転する間に36n度（n＝0～9）の回転をしてそのnの数を表示する仕組みになっています。1桁の掛け算は掛ける数だけ回転すれば積が得られ、10の位や100の位の掛け算は10歯の歯車の軸を隣の段差歯車に移動してかみ合わせればよいわけです。移動箱の機構はその後ずっと受け継がれました。しかし、発明当時はまだ精密工作の技術が高くなかったので、実用化されたのはライプニッツが発明してから50年が経過してからでした。そのためか、ライプニッツの計算機械への功績はそれほど世の中に知られていないのは残念なことです。

　19世紀になって、イギリスのバベイジは差分法で関数表を作成する階差機関を作るとともに高次方程式を解くことが可能な、演算部・貯蔵部・制御部をもちプログラムで作動する今日のコンピュータの原型ともいえる大型機械計算機を設計しました（16頁参照）。国家からも開発資金を得て開発に努力しましたが、第1章でも述べたように技術が伴わず未完のまま生涯を閉じることになりました。世界初の量産機械式計算機はフランスのトーマ（C. X. Thomas 1785-1870）によって1820年に試作されたアリスモメーター（Arithmometer）と呼ばれるものですが、使いやすいものではありませんでした。

　19世紀後半には、科学技術がますます進歩し、複雑で正確な計算を高速で実行することに対する社会的欲求が高まりました。日常生活では商業の目的に用いられる加算機が普及しました。複雑な計算に対する需要としては、航海の際に天文観測から船の位置を計算す

る目的、大砲の弾の弾道を計算する目的などがありました。19世紀の半ばになると、ライプニッツの段差歯車にかわって「出入り歯車」を使った計算機が現れ、その後手動式計算機の歯車の主流になりました。「出入り歯車」は分厚い段差歯車を使うことなく、置数円板(おきかず)とピンホイルの2枚の円板から構成されていて、置数円板をある角度回転させて、1から9本のピンを出して歯車の役目をもたせる機構です。スウェーデンのオドナー(W. T. Odhner 1845-1903)は、この置数装置をライプニッツの桁移動機構と組み合わせることによって、1886年にオドナー型計算機の製造を始め、大量に販売しました。この型の手動計算機は、スウェーデン、ドイツ、イギリス、スイスなどヨーロッパ各地で広く普及しました。その中の代表的な機種を写真で紹介します。

欧米の手動計算機の代表的な機種

トーマ(フランス)がライプニッツの段差歯車式計算機を改良し、加減乗除計算機として量産したアリスモメーター。その後、多くの改良機種が欧米各地で販売された。

1920年代のスウェーデンのオドナー型計算機。

オドナー計算機を改良したドイツのブルンスヴィガ計算機

アメリカで製造されたマーチャント計算機

イギリスで製作されたムルデボ計算機

クルタ計算機。第2次世界大戦中に、ドイツのナチス強制収容所で捕虜となっていたオーストリア人のクルト・ヘルツシュタルクが設計し、戦後にリヒテンシュタインで製造された非常に精巧な計算機で、手回し計算機の最後を飾ったもの。

> コラム

階差法による多項式計算

例として $f(x) = x^3$ について $f(n)$ の値を階差法で求めてみます。表に $f(n)$ の値、第1階差 $d_1(n) = f(n) - f(n-1)$、第2階差 $d_2(n) = d_1(n) - d_1(n-1)$、第3階差 $d_3(n) = d_2(n) - d_2(n-1)$ を表示します。$d_3(n)$ の値は常に6になることが分かります。$f(n-1)$、$d_1(n-1)$、$d_2(n-1)$ の値から $f(n) = f(n-1) + d_1(n-1) + d_2(n-1) + 6$ となります。このように $f(n-1)$ の値と第1階差、第2階差の値を用いて次々に $f(n)$ の値を加算のみで求めることが可能です。一般に $f(x)$ がm次の関数の場合はm–1個の階差を求めることによって $f(n)$ の値を加算のみで次々に求めることが可能です。

n	n^3	d_1	d_2	d_3
0	0			
1	1	1		
2	8	7	6	
3	27	19	12	6
4	64	37	18	6
5	125	61	24	6
6	—	—	—	—

わが国では1902年に発明家の矢頭良一(1878-1908)が手回しの機械式計算機を作ったのが最初です。矢頭は明治時代の発明家で、森鷗外の『小倉日記』の中に、明治34(1901)年2月22日に矢頭が鷗外を訪問し、「自動算盤」を持参して鷗外にみせるとともに、飛行機の設計製作の話をしています。3月1日にも再び訪れていて、おそらくその目的は飛行機製作の重要性を訴えてそのパトロンを求めていたのではないかと思われます。まだライト兄弟の飛行機も飛んでいない時代に飛行機の開発を志していたのです。残念ながら矢頭は31歳の若さで夭折し飛行機の製作は実現しませんでした。矢頭の「自動算盤」は近代科学資料館に実物はありませんが、説明文とともに写真が飾ってあります。四則計算が可能なたいへん独創的な装置であったようです。1903年に「パテント・ヤズ・アリスモメーター」という名称で200台ほど製造販売されたとのことです。

　その後、1921年に、アメリカのマーチャント(Marchant)計算機を模して日本計算器株式会社が手動計算機を製造し、丸善から「IDEAL計算機」が発売されました。しかし、何といってもわが国では、手回し計算機の代名詞のようになった「タイガー計算器」が有名です。1923年に大本寅次郎(1887-1961)が「虎印計算器」(その後タイガー計算器と改称)を製造販売し、電卓が普及する1970年代までおよそ50万台を販売したのです。タイガー計算器は最初ブルンスヴィガ(Brunsviga)計算機を模して作られ、最初はオドナーの出入り歯車方式を用いていましたが、その後、56頁の**図5-b**(64頁再掲)に示す扇型歯車方式が用いられ、多くの新しいモデルが発売されています。図に示す扇型歯車Bを、置数レバーの位置に応じたある角度回転させて左下の10歯の歯車とかみ合わせ、置数だけの

回転を伝える構造です。タイガー計算器以外に、東芝の子会社などから販売された手動式計算機がありますが、いずれも欧米のものを基に製作されたものです。タイガー計算器は、年配の科学者・技術者の方にとっては、割り算のときに発するチンという音の記憶とともに懐かしい計算機となっています。65頁から日本の代表的な手動計算機を示します。

再掲　図5（b）扇型歯車（渡邉祐三『美　機械式計算機の世界』より）

日本の手動計算機

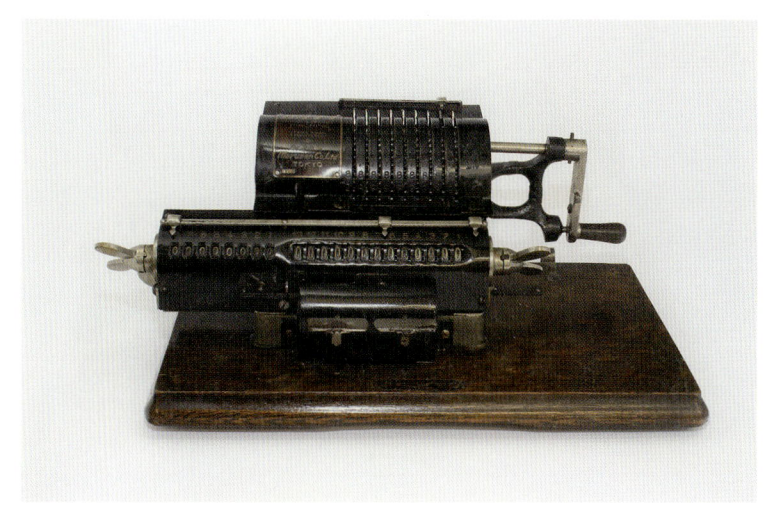

丸善より発売されたIDEAL計算機

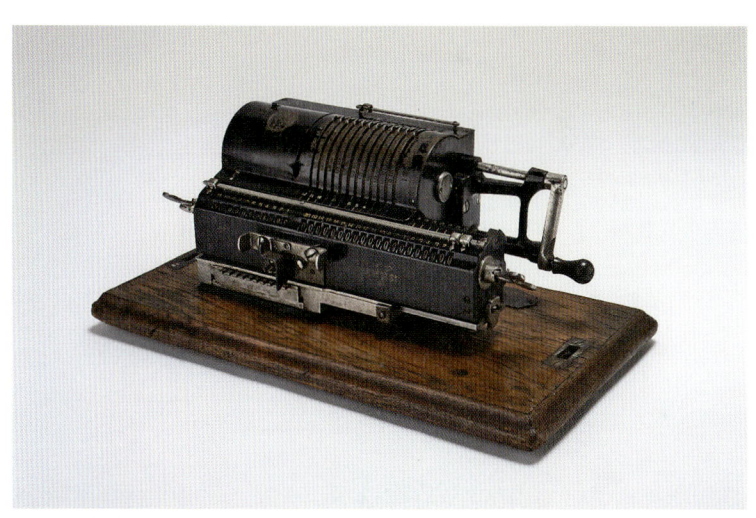

1929年製造のタイガー計算器20号

65

1942年製造のタイガー計算器乗式特装型16号

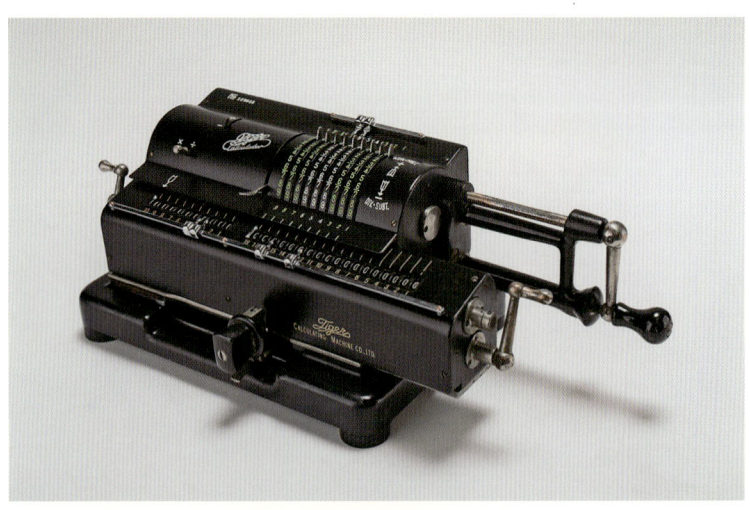

1954年製造のタイガー計算器10進式基本型

1962年製造のタイガー計算器新連乗式20号

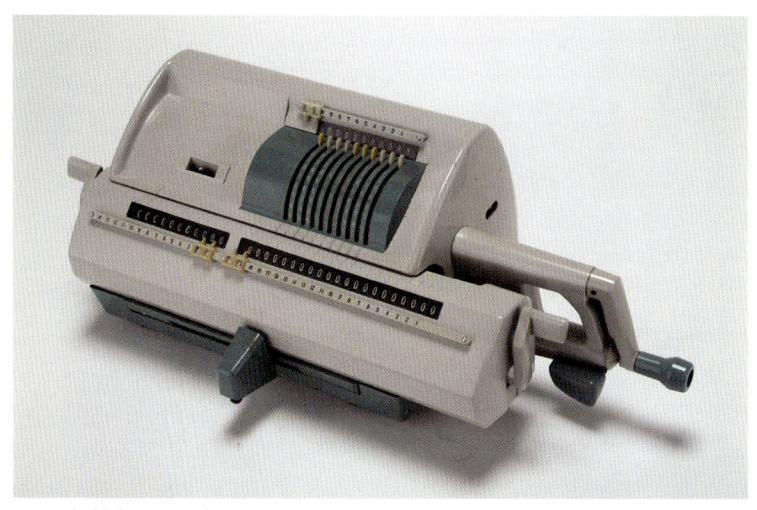

1969年製造のタイガー計算器H68-S

日本計算器(SM-21)

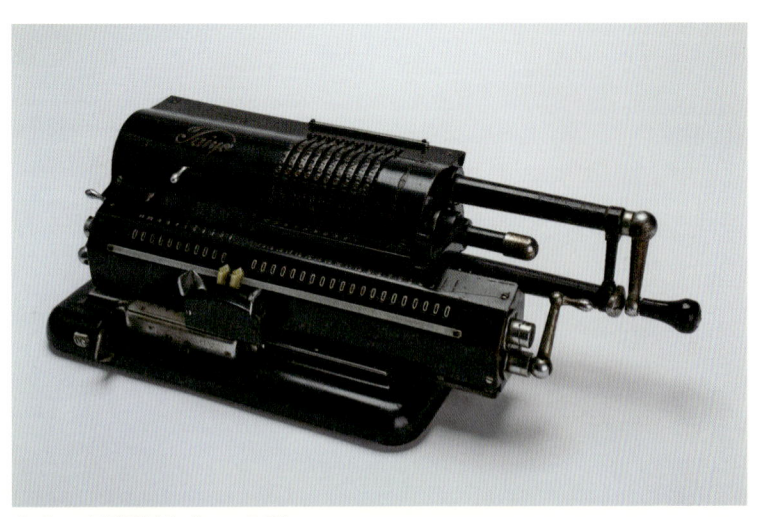

タイヨー計算機(タイヨー23)

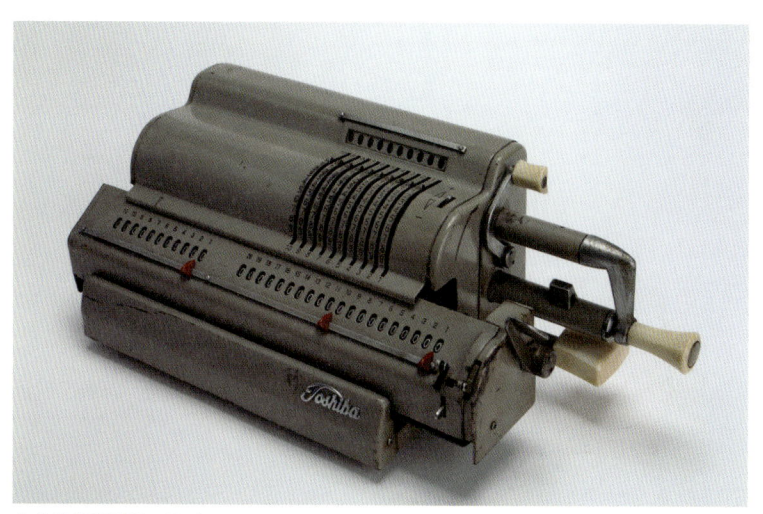

東芝計算機(20-TA)

手回し計算機には、いかに抵抗が少なくスムーズに高速で操作できるかを目指して、技術の粋を集めて改良されてきた歴史が詰まっています。特に、17世紀ごろには困難であった桁上がりの機構には独特の工夫が必要なのです。999,999に1を足すと一度に6桁にわたって桁が上がっていかなければなりませんが、それを瞬時に抵抗少なく実行できるメカニズムには感心します。「用の美」という言葉があります。優れた機能をもつものは無駄が削ぎ落とされた美しさがあるものですが、優れた機械式計算機についても、使うことによってその美しさを実感するようになるものだと思います。

　手回し計算機は主として乗除を行う目的で使用されましたが、商業利用には加減のみの金銭登録機（キャッシュレジスター）としての用途が極めて需要の多いものでした。金銭登録機は金額を入力し、それを記録し打ち出すとともに合計金額を計算する機能をもつものです。加算機専用の計算機は、手回し計算機のようにレバーで入力するのではなく、各桁ごとにその数値をキーを押して入力する方式が主流です。その代表的なものは、1886年にアメリカのフェルト（D. E. Felt 1862-1930）によって実用化されたフルキー式のコンプトメーター（Comptometer）というものです。すべての桁に0から9までのキーがあり（フルキー方式）、各桁のキーを、しかも同時に押すことによって数値が入力されるので、レバーでの入力に比べて高速化されました。その後コンプトメーターという言葉は加算機の代名詞ともなりました。

　アメリカのバローズ（W. S. Burroughs）は1886年に加算機の特許を取得し、American Arithmometer Company（後にBurroughs Adding Machine Company）を設立しました。

各種加算機

上下／1900年代初めに製造された印刷機付（下の写真の右側）のバローズ計算機。前面はガラス張り。

フェルトが特許を取り1900年ごろアメリカで製造されたコンプトメーター

ドイツのブルンスヴィガ加算機(Brunsviga 90T)

この加算機の特徴は計算経過と結果を印字して記録することができることで、商業的利用価値の高いものでした。加算機の市場は20世紀に入ると爆発的に成長し、バローズ社は大いに発展しましたが、タイプライターの製造なども行い、コンピュータ時代になるとコンピュータ産業にも参入して巨大企業になりました。今日でも、古い店などでフルキー式の金銭登録機を使っている場面に出会います。その他、ドイツのブルンスヴィガ加算機、アメリカのフリーデン計算機などが有名です。

　なお、電気モーターの発達とともに、20世紀初めには手動のかわりに電動で動かす「電動式計算機」が作られるようになりました。1960年にはタイガー計算器(株)でも製造されましたが、電卓の登場で長くは使用されませんでした。

1912年にフリーデン社(アメリカ)で製造された、多目的機械計算機のフリーデン計算機。後に電動式に改良された。

その中で、町工場「樫尾製作所」から生まれた「14-A型リレー式計算機」は世界初の小型リレー計算機で、その後のカシオの電卓の元祖ともいわれる記念碑的な計算機です。電動式計算機がガチャガチャととてもうるさいのに対し、リレー式計算機は静かで高速でした。近代科学資料館には14-B型が展示されています。
　同資料館では約200種に近い世界各国で製造販売された手動式計算機と全ての機種のタイガー計算器を所蔵しており、世界に誇る手動計算機のコレクションを展示しています。

樫尾製作所（後のカシオ）で開発された14－B型リレー式計算機

第 3 章

第 2 節

アナログ計算機

　数量の表現にはディジタル表示とアナログ表示があります。ディジタル表示は数字での表現であり、アナログ表示は物差しや目盛り盤などの位置で表現されます。時刻の表示は、以前は針の位置で表されるアナログ表示だけでしたが、近年は数字でディジタル表示するものも多くなりました。重さを量る秤や温度計なども次第にディジタル表示のものが多くなりましたが、コンピュータの普及によってアナログ時代からディジタル時代になったことの表れでもあります。しかし、本来、長さ、重さ、時間など連続的な量の測定は、それぞれに適した測定器でアナログ的に測定され、昔はそれを文字盤上の針の位置で表現していたものを、現在はアナログの測定量をAD変換器（Analog-Digital変換器）によって数値に変えて表示している場合がほとんどです。ですから、もしディジタルに表示してある方が信頼性が高いという印象をもつとすればそれは錯覚です。

　イギリスの著名な物理学者のケルビン卿（本名 W.Thomson 1824-1907）は潮汐調和解析器を製作して、潮汐の変動をアナログ的に解析したことは有名です。アナログ測定器として有名なのはプラニメーターと呼ばれる、閉曲面の面積を測定する器具です。スイ

スの数学者アムスラー (J. Amsler-Laffon 1823-1912) により考案されたとされ、面積が車の回転の値で表示される装置です。近年では、図形を画像として記録し、その画像をディジタル処理することによってより正確に面積が求められますので、実用的にはほとんど利用されなくなりました。

　最も普及したアナログ計算機は計算尺ですが、近代科学資料館にはアナログ的に微分方程式を解く「ブッシュ式アナログ微分解析機」という大型の珍しいアナログ計算機があります。1931年にアメリカのマサチューセッツ工科大学（MIT）のブッシュ (V. Bush 1890-1974) によって開発されたもので、近代科学資料館所蔵のものはわが国で展示されている唯一の微分解析機なので、情報処理学会か

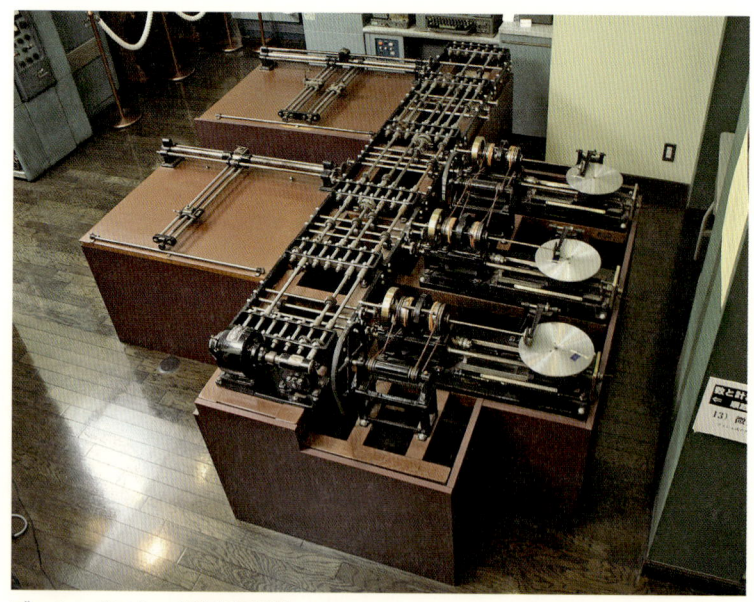

ブッシュ式アナログ微分解析機

ら"情報処理技術遺産"に認定されています。

この解析機は、約3m×3mの面積を占める大型の機械ですが、もっと大型のものも存在しました。この解析機の目的は常微分方程式の解を求めることですが、微分方程式を積分形に変換して、機械的に積分の値を求めて解を求めるのです。心臓部は、**図6**に示すように、垂直軸の周りに回転する水平円盤と水平軸の回りに回転し水平円盤上を軸方向に移動できる垂直小円盤からなる積分機です。水平円盤の回転角 x を入力として、垂直円盤の接点の位置を水平円盤上で $y = f(x)$ の曲線に従って移動させることにより、垂直小円盤に回転を伝達させます。

垂直小円盤の回転角はyに比例することから、出力として$\int_0^x y(x)dx$の値が小円盤の回転角$\phi(x)$により$\int_0^x y(x)dx = r\phi(x)$として求まります（この原理はプラニメーターと全く同じです）。2回の微分方程式を解く場合には1回積分したϕの値を次の積分機の水平円盤の回転角として入力することなどによって解を得ることができます。

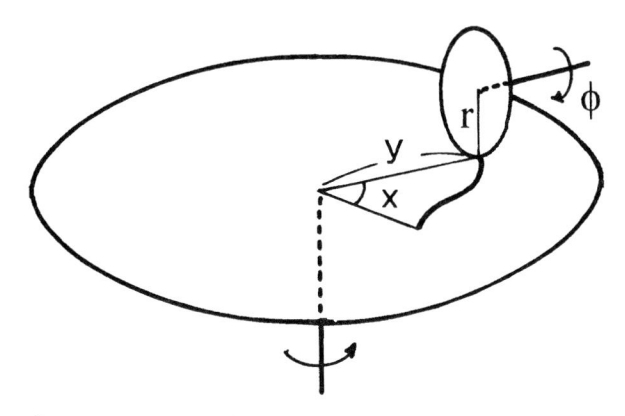

図6 ブッシュ式アナログ微分解析機に用いられたアナログ積分機

この機械の技術的な困難さは、いかにして垂直小円盤に抵抗なくスムーズに回転を伝達して小円盤の回転軸に回転を伝達できるかという点にありますが、幸い、当時開発されたばかりの「トルク増幅器」を応用することによって解決することができたのです。トルク増幅器なしにはこの装置の完成はありえなかったことを思うと、ここでも新しい装置開発には優れた技術を伴うことがいかに重要かがわかります。

　ブッシュが製作した解析機は量子力学の方程式を解くなど基礎研究に使われていたようです。しかし、欧米各地では軍事目的にも使われたようで、わが国でも第2次世界大戦中に何台か製造されましたが、軍事利用が主であったのかも知れません。近代科学資料館のものは元々第2次世界大戦中に大阪大学に納入され、その後、大阪大学で使っておられた数学教室の清水辰次郎が東京理科大学に移られたときに移設されたものです（ブッシュ式アナログ微分解析機の詳細な解説は、渡邉勝：東京大学生産技術研究所報告 Vol. 9, No. 1 (1960) 1-35参照）。

　以上が、17世紀から始まった手動による機械式計算機の歴史の概略です。電子計算機の時代に入る前に、手動で行っていた機械式計算機の手動の部分を小型モーターを用いて電動で動かす電動式機械計算機が作られた時代があることは前にも述べました。また、電気のリレーを用いたリレー式計算機も一時期普及しました。しかし、20世紀の後半には電子技術の爆発的な進歩によって、比較的短期間にこれらはすべてこの世から姿を消すことになりました。

コラム

情報処理技術遺産
(Information Processing Technology Heritage)

　わが国には、公の機関としての「コンピュータ博物館」はありませんが、情報処理学会歴史特別委員会が、コンピュータに関わる歴史的な物品や資料に関して、学会のウェブ上で写真や文書として収集して掲載する、バーチャルな「コンピュータ博物館 (IPSJ Computer Museum)」を2003年に設立しました。また、コンピュータに関わる貴重な資料を蒐集・展示している博物館を「分散コンピュータ博物館 (The Satellite Museum of Historical Computers)」と認定し、そこにある貴重な遺産をある基準の下に「情報処理技術遺産」として認定しています。近代科学資料館の「微分解析機」は2009年に認定されました。

第 4 章

コンピュータの誕生と発展

第4章

第 1 節

コンピュータと計算機械

　手回しの機械式計算機などはコンピュータとは呼びません。コンピュータと機械式計算機はどこが違うのでしょうか。コンピュータは計算をするだけでなく、論理判断をする機能、データを保存し管理する機能をもっているのです。すなわち、数値計算＋論理演算＋情報管理の能力を備えているのがコンピュータです。それによって複雑な計算を可能にするだけでなく、情報の取捨選択ができ、情報を管理し、制御することができるのです。その結果として、今日ではほとんどすべての機器がコンピュータで制御される時代、ユビキタス（ubiquitous；至る所にある）コンピュータの時代になったのです。

　コンピュータの発達の段階は、それを構成する素子の発達によって第1世代、第2世代、第3世代を経て現在第4世代にあります。現在は第5世代のコンピュータの研究開発が行われていますが、第5世代のコンピュータはこれまでの延長上のものではありません。それは、これまで用いられてきた半導体素子の小型化、高速化の限界が予測されるために、全く新しい概念の計算機の開発が必要になったからです。

第 4 章

第 2 節

コンピュータの誕生

　大型計算機のはしりは、ハーバード大学のエイケン(H. H. Aiken 1900-1973)が中心となって設計し、IBM社で製作されたASCC (Automatic Sequence Controlled Calculator)と呼ばれるスウィッチ、リレー、クラッチなどからなる大型電気機械式コンピュータで、1943年にハーバード大学に納入され、Mark Ⅰと名付けられました。その後、改良を重ね、Mark Ⅱ、Mark Ⅲ、Mark Ⅳと進化し、Mark Ⅳでは半導体部品や磁気ドラムメモリーが使われるようになりました。

　真空管2本を使ったフリップ-フロップ回路で0、1を表現する真空管式の世界最初の本格的な汎用コンピュータはENIAC (Electronic Numerical Integrator and Computer)と呼ばれるコンピュータです。エッカート(J. P. Eckert 1919-1995)とモークリー(J. W. Mauchly 1907-1980)がフォン・ノイマン(J.Von Neumann 1903-1957)と協力して2進法のコンピュータとして軍事目的で開発し、1946年に公開されました。18,000本の真空管、70,000個の抵抗、10,000個のコンデンサー、6,000個のスウィッチが使われ、140kWという莫大な電力消費量でした。その後継機

種として、EDVAC (Electronic Discrete Variable Automatic Computer) と呼ばれるコンピュータが1949年に軍に納入されました。新しい技術の発展が軍事目的でなされた例は数多くありますが、コンピュータもその例外ではなかったのです。

エッカートとモークリーは共同でコンピュータ会社EMCCを設立しましたが、EMCCはレミントン・ランド社に買収されてUNIVAC (UNIVersal Automatic Computer) が設立され、1954年に最初の商業用フェライトコアメモリー計算機としてUNIVAC 1103Aを発売しました。その後はIBM社とともにUNIVAC社はアメリカのコンピュータ産業に大きな発展をもたらしたのです。

わが国では、東京大学の山下英男らが中心となって国家プロジェクトとしてコンピュータ開発計画が進められ、初の大型国産コンピュータTAC (Todai Automatic Computer) を1959年に完成させました。一方、民間企業では、富士写真フイルムの岡崎文次はレンズの設計のためのコンピュータFUJICの開発を1949年にスタートし、1956年にTACに先駆けて国産初の第1世代コンピュータを完成しています。数年後には第2世代コンピュータに引き継がれました。

第 3 節

ノイマン型コンピュータ

　現在までのコンピュータの処理方法は、コンピュータの初期の開発者の一人であるフォン・ノイマンの名にちなんでノイマン型あるいはフォン・ノイマン型と呼ばれています。それは、and, or, notで構成される論理回路を用いて、2進法による計算をプログラムにしたがって逐次進めていく方式です。ノイマン型コンピュータはすべて「入力装置」「演算装置」「制御装置」「記憶装置」の4つの部分から構成されているのが特徴です。

　それに対して、現在、研究開発が進められてる第5世代のコンピュータは、人間の脳神経のように同時に多くの回路が並列的に作動したり、量子力学的状態のような複数の状態が重なった状態を用いるような、逐次処理方式とは異なる新しい処理方式を用いたコンピュータを目指しています。

下記の表に、第1世代から第4世代のそれぞれの年代、用いられる素子、代表的機種および処理速度をMIPS (Million Instructions Per Second)という単位で示しました。世代ごとに処理速度の桁が上がっていくことが分かります。特に処理能力の高いコンピュータをスーパーコンピュータと呼びますが、その性能を表すにはFLOPS (Floating-point Operations Per Second、1秒あたりの浮動小数点数演算回数)が用いられます。わが国で2006年に始まった次世代スーパーコンピュータ開発プロジェクト（通称「京」と呼ばれる）によって、2011年11月にFLOPSが当時世界一の10^{16}（京）を達成し話題となりました。

世代	開発年度	素子	代表的機種	処理速度
第1世代	1940－1955	真空管	ENIAC, UNIVAC-1	2×10^{-3}MIPS
第2世代	1955－1960	トランジスター	IBM1401,7070, UNIVAC-III	2×10^{-2}
第3世代	1960－1980	IC	IBM360, UNIVAC494	2×10^{-1}
第4世代	1980－	LSI	IBM4300, HITAC-M280, FACOM-M380	20＜

第 4 節

パラメトロン計算機

第4章

　近代科学資料館には大型計算機は2つしか展示されていません。その一つにパラメトロン計算機があります。コンピュータはアメリカを中心として発展しましたが、その中で、第1世代の終わりに、わが国で開発された極めてオリジナリティーの高いコンピュータがパラメトロン計算機です。それは、当時まだ東京大学理学部物理学科の高橋秀俊研究室の学生であった後藤英一によって、1954年に発明された計算機です。最初のパラメトロン計算機としてMUSASINO1号が1957年に完成しました。近代科学資料館には、東京理科大学に1960年に富士通と国際電電が商品として共同開発したFACOM201が納入され、研究・教育に使用された機種が展示されています。

　パラメトロンとは、88頁の**図8**に示すドーナッツ形のフェライトコア（直径4㎜）を用いた回路にAから2fの周波数の信号を入れて、Bの回路に位相が0かπのパラメータ励振をする共振器です。この2種類の位相を2進数表示して計算機を構成しました。当初はパラメトロン素子が真空管より動作が安定で安価でしたので、日立、日本電気などでもパラメトロン計算機を発売しましたが、トランジス

FACOM201パラメトロン計算機

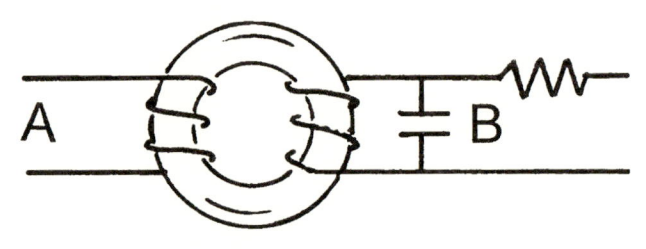

図8 パラメトロン素子

ターが安価に大量生産されるようになって、3年ほどで姿を消すことになりました。パラメトロンは速度の遅い計算機でしたが、後藤英一は1986年にジョセフソン素子を用いた「磁束量子パラメトロン」を開発し、超高速の次世代コンピュータへの応用が期待されています。

　近代科学資料館にはこのほかに、真空管180本とGeダイオードを使用した、第1世代最後のころのコンピュータであるBendix G15

コンピュータ (アメリカ・ベンディックス社が1956年に発売) が展示されています。この型のコンピュータは日本に最初に輸入されたコンピュータで、鉄道技術研究所の座席予約システムなどに利用されました。展示されているこのコンピュータは国内で常設展示されている数少ない真空管コンピュータであるとされています。

Bendix G15コンピュータ

第4章

第 5 節

ホレリスの国勢調査統計システムとIBMカード

　19世紀のアメリカでは、10年ごとに全国民を対象とした国勢調査が行われていましたが、その手作業による集計には5年以上の時間を要していました。その集計作業を機械化したのが、ホレリス（Herman Hollerith 1860-1929）という人です。ホレリスが考案したのは、穿孔機、作表機、分類機からなるシステムでした。写真

ホレリスのパンチカードシステム（国立科学博物館より借用展示）

はホレリスのパンチカードシステムです。

　個人のさまざまなデータを、それぞれの場所に穴を開けてカードに記録し、穴の開いたカードに押し付けた金属のピンが穴の開いたところだけ通り抜けて水銀接点に接して電気が流れる仕掛けになっていました。これによって統計処理が格段に速くなったのです。

　ホレリスはCTR（Computing Tabulating Recording）社を設立し、その後1924年にワトソン（Thomas J. Watson）が引き継いでIBM（International Business Machines）と社名を変更し、世界最大規模のコンピュータ会社に成長したのです。IBM社で製作するコンピュータには、ホレリスの80欄パンチカードが入力システムに使われるようになり、IBMカードが誕生したのです。IBMカードは広く普及し、1970年代終わりになって、キーボードから直接プログラムを磁気テープに入力できるようになるまで多くのコンピュータで使われました。

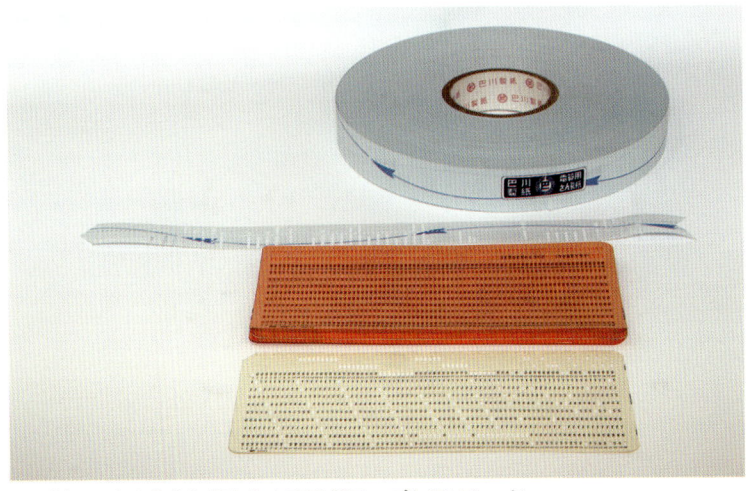

コンピュータの入力に使われた穿孔紙テープとIBMカード

コラム

ムーアの法則 (Moore's law)

　インテル社の共同創業者であるムーア (Gordon Moore 1929-) が、1965年に「最小コストで生産される部品の数は毎年およそ2倍の速度で増大する」と予測し、この予測がほぼ成立してきたことから、後に「ムーアの法則 (Moore's law)」と名付けられました。この指数関数的成長速度は、集積回路 (IC ; Integrated Circuit) のトランジスタの数 p が1.5年で2倍になるという $p=2^{n/1.5}$ (n は年数) の関係が成立することが示されてから一躍有名になったのです。

　この増大法則は、半導体素子の大きさが年々小さくなる技術的進歩に基づいています。しかし、半導体素子の小ささには当然限界があることから、いずれムーアの法則は破綻すると考えられますが、何らかの技術革新によって継続するのではないかという見方もあります。

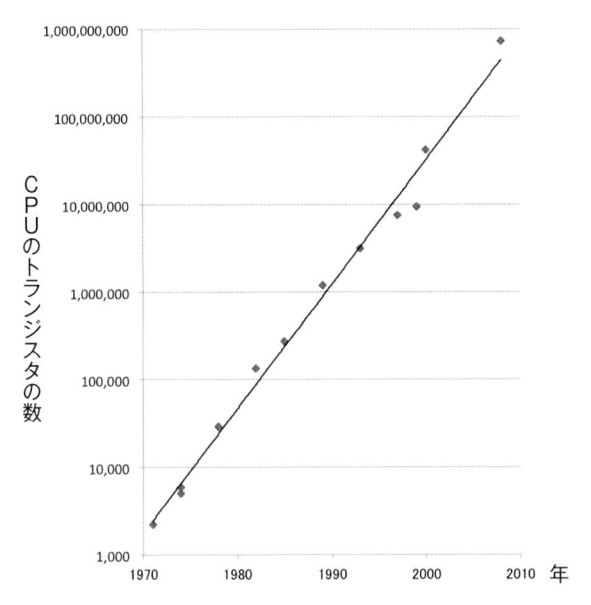

図7 主要なCPUのトランジスタの数の推移
CPU(Central Processing Unit;中央演算処理装置)

	年代	トランジスタの数
i4004	1971	2,237
i8080	1974	6,000
MC6800	1974	5,000
8086	1978	29,000
80286	1982	134,000
80386	1985	275,000
80486	1989	1,200,000
Pentium	1993	3,100,000
Pentium II	1997	7,500,000
Pentium III	1999	9,500,000
Pentium 4	2000	42,000,000
Core i7	2008	731,000,000

第 5 章

コンピュータの大衆化

第5章

第 1 節

マイクロプロセッサー

　近代科学資料館には、電子素子の発達を示す、真空管、トランジスタ、それらを集めた集積回路(IC；Integrated Circuit)、さらに集積回路を大規模化した大規模集積回路(LSI；Large Scale Integrated Circuit)が展示されています。また、初期の頃から現在に至るマイクロプロセッサーの発展の歴史も展示しています(100～101頁写真参照)。1970年代になると、マイクロプロセッサーと呼ばれるチップが急速に発展しました。究極の素子ともいえる1つまたは複数のLSIを組み合わせることにより演算機能、記憶機能、制御機能などをもつ、それ自身が小型のコンピュータの役割をもつものです。マイクロプロセッサーを構成するトランジスタの数は年とともに指数関数的に増大し、現在では1億個にも達しています。

　マイクロプロセッサーの進歩のおかげで、電卓(電子式卓上計算機)が急速に進歩し、関数電卓やプログラム電卓などが普及して、そろばん、機械式計算機、計算尺、関数表が世の中から淘汰されました。続いてコンピュータが小型化し、個人で使用できるパーソナルコンピュータ(PC；Personal computer)が1970年代半ばから普

及し始め、あっという間にオフィス革命をもたらしました。

　最初はマイコン（Microcomputer）と呼ばれていましたが、今ではあまり使われなくなりました。携帯電話、スマートフォンなどもマイクロプロセッサーの進歩の賜物であり、ユビキタスコンピュータの時代はマイクロプロセッサーの発展がもたらすものなのです。

　以下に、マイクロプロセッサーのいくつかを紹介します。

■インテル4004

　1971年に電卓やオフィス向け汎用LSIを開発する過程で誕生した、世界初の4ビットマイクロプロセッサーです。発注したビジコン(旧日本計算器販売)社の嶋正利（1943-）が開発したことでも有名です。

　トランジスタの数はわずか2,237個、動作周波数は750kHz。

■8ビット8080、6800

　1974年に開発されたインテル社i8080とモトローラ社MC6800。インテルのCPUが電卓用として開発されたのに対し、モトローラのCPU（Central Processing Unit;中央演算処理装置）は、汎用コンピュータのCPUをその

まま1チップ化する発想という全くちがうアプローチで開発されました。メモリーにデータを格納する方法などに違いがあります。

■インテル16ビットCPUの進歩

パソコンの性能向上への強い要望に応えて、次々と高性能なCPUが開発されました。

1980年ごろから1990年にかけて16ビットの8086→80186→80286と進歩し、さらに32ビットの80386→80486→ペンティアムと進歩を続けたのです。これからさらにペンティアムⅡ→Ⅲ→4と改良され、現在のCoreやXeonまで続いています。

写真は80486（上左）、80386（上右）、ペンティアム（下）です。

コラム

嶋正利とマイクロプロセッサー

　嶋正利はビジコン社に在職中に、アメリカのインテル社に電卓用のLSIシステムの製作を依頼したことが契機となって、嶋自身がインテル社で設計を担当するとになり、インテル社のホフとともに世界初のマイクロプロセッサーである4ビットのi4004を1971年に開発しました。嶋はインテルに引き抜かれた後、1974年には8ビットのi8080を開発してパソコン・ブームの基礎を作ったのです。その後もマイクロプロセッサーの研究開発で大きな貢献をしてきました。

マイクロプロセッサの誕生

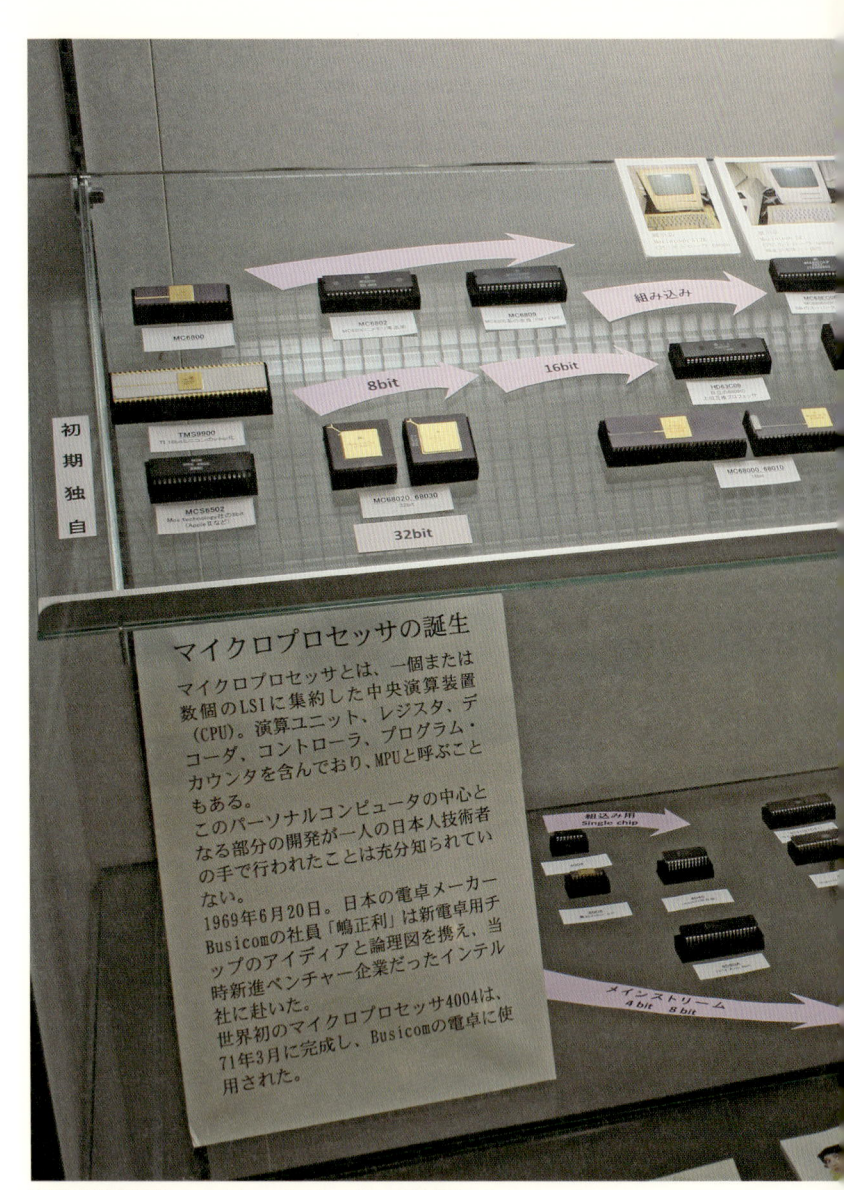

マイクロプロセッサとは、一個または数個のLSIに集約した中央演算装置 (CPU)。演算ユニット、レジスタ、デコーダ、コントローラ、プログラム・カウンタを含んでおり、MPUと呼ぶこともある。

このパーソナルコンピュータの中心となる部分の開発が一人の日本人技術者の手で行われたことは充分知られていない。

1969年6月20日。日本の電卓メーカーBusicomの社員「嶋正利」は新電卓用チップのアイディアと論理図を携え、当時新進ベンチャー企業だったインテル社に赴いた。世界初のマイクロプロセッサ4004は、71年3月に完成し、Busicomの電卓に使用された。

近代科学資料館のマイクロプロセッサーの展示ケース。
主要なマイクロプロセッサが発展の歴史に従って並べられている。

101

第5章

第 2 節

電　卓

　電卓（電子式卓上計算機）の始まりは、イギリスのベル・パンチ社から1962年に発売された、一部に真空管を使ったAnita Mark 8といわれています。この電卓の後を追うように1964年3月からシャープ、ソニーなど日本のメーカーから半導体のみの電卓の開発品を次々と世に送り出しましたが、非常に重く高価なものでした。シャープCS-10Aは25kgで50万円を超すものでした。

　1970年代に入ると、集積回路が広く普及し、マイクロプロセッサーの登場によって、小型、多機能、低価格化の製品開発が急速に進み、そのほとんどの機能の開発を日本人が行いました。電卓用LSIの大量生産が半導体技術の進歩を促し、デジタルカメラ・携帯電話など多くの機器の高性能化にも結び付いているのです。

　また機能面における電卓の最後の改良であるプログラミング機能についても、初期はメーカーごとに独自の文法を用いていたものが次第にBASIC言語に統一され、パソコンへと続いていきます。小さな電卓の中にエレクトロニクス産業の技術の進化が凝縮されているといえます。数字のディスプレーもニキシー管と呼ばれる放電管を用いたものから、蛍光表示管、発光素子、液晶と進歩し、消費電力も

次第に小さくなっていきました。

　世界で、ヒューレット・パッカード社、テキサス・インスツルメント社、ビジコム社、キヤノン、シャープ、カシオなどで小型化の競争が行われました。最初のポケットサイズの電卓はビジコン社で1971年に発売したLE-120Aです。低価格化ではカシオが1972年に従来の3分の1の価格でカシオミニを発売し、低電力化ではシャープの液晶電卓LE-805，小型化ではカシオが名刺サイズのLC-78，0.8mm厚のSL-800などを発表しました。以下に、年代に沿って代表的な電卓を紹介します。

■ Canola130

1964年　キヤノン

　世界初のテンキー方式の卓上計算機。演算素子はトランジスタ600個、ダイオード1600個。演算桁は1兆まで計算できるよう13桁に設定。ニキシー管にかわり新ディスプレイ装置の光点式表示を採用しました。価格は360,000円。

■ √001

1966年　カシオ

　001型の後継機。リレー計算機14-B型の自動開平方式を電卓に採用しました、開平機能をもった世界で最初の電卓。370（W）×520（D）×245（H）mm。16.5kg。価格は435,000円。

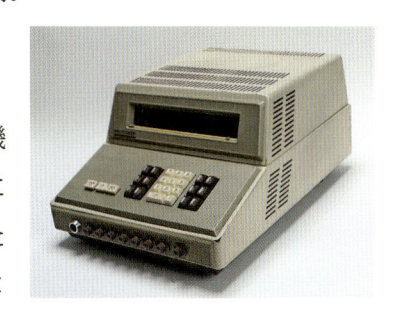

■ AL−1000
1967年　カシオ

プログラムをソフトウェア化し、一連の命令をキーボードで簡単に記憶装置に入力できるようにした世界で最初のプログラム付電卓。14桁の演算レジスター・記憶レジスター(4組)・プログラム記憶装置(30ステップ、15ステップ2組に分割可能)を全て磁気コアで形成させたので、普通の電卓と同程度の小型化が実現しました。国内はもとより欧米各国でも非常な人気を博し、ベストセラー電卓となりました。11kg。価格は328,000円。

■ SOBAX SCC-500
1967年　ソニー

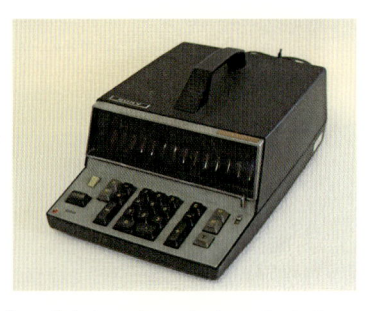

ソニーの最初の電卓。発売当時、世界で一番小さく軽い電卓(6.3kg)でした。持ち運び用の取っ手が付いていて、充電池を使うということからすれば世界で最初のポータブル電卓ということもできます。価格は260,000円。

■ BC-1401
1968年　東芝

東芝最初のMOS-IC 搭載電卓。ICの中でも集積度の高いモスICを全面採用することで、トランジスタ、ダイオード、コンデンサー

などの回路部品を一挙に200分の1にしました。重さはわずか3.8kgで、引き出しにすっぽり入るコンパクトタイプ電卓。部品数の大幅減少で内部構造がスッキリし、故障しにくくなりました。数字とキーが同一平面で見ることができるため、非常に読み取りやすくなりました。小数点は浮動、指数両用可能。表示窓は角度調整機能と特殊偏光版の採用で反射光を2重に防止しました。東芝だけの動産総合保険が付いており、盗難、火災、取扱い不注意による破損などにも対応しました。価格は190,000円。

■ SACOM-MINI ICC-82D
1970年　三洋電機

充電池を内蔵した携帯サイズの電卓としては世界最初の電卓(その後、同年にキヤノンからポケトロニクが発売)。内部には米国のゼネラル・インスツルメンツ(GI)社と共同開発した4つのLSIを使用しています。8桁表示ながら16桁までの計算が可能。持ち運びに便利な箱がついています。価格は115,000円。海外ではDictaphone 1680としても発売されました。

■ Pocketronic
1970年　キヤノン

世界で最初の携帯型電卓の1つ。蛍光管は搭載しておらず、TI社の特許であるソリッドステートサーマルプリンタ方式を採用しています。携帯型にもかかわらず12桁の定数計算が可能でした。MOS・

LSIを3個使用しており、内蔵NiCd電池により連続3時間の使用が可能でした。本体820g。テープ80g。価格は本体87,000円。バッテリーチャージャー8,500円。サーマルプリントテープ(80m)350円。

■ S-301
1971年　セイコー

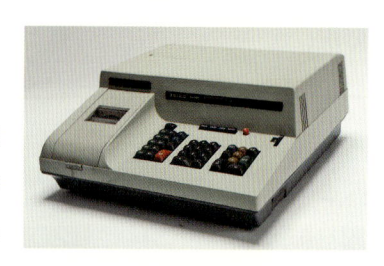

服部時計店が発売した電卓。服部時計店は1969年はじめに電子式卓上計算機に進出。わが国初のプリント式電卓S-300を695,000円で発売しますが、このS-301はS-300の後継機。表示機構には表示管は使わず新しいプリント方式を採用しています。19.5kg。価格は795,000円。

■ LE-120A
1971年　ビジコン社

世界最初のポケット電卓で世界初のLED表示機。当時としては驚異的な小ささの手のひらサイズでした。ビジコン社はポケット電卓を開発するためにモステック社と共同でワンチップ電卓用LSIの共同開発を進めていて、わずか6ヶ月で完成させました。

■ OMRON 800K
1972年　オムロン

前年の1971年に発売されたOMRON800はワンチップLSIを使い、価格は49,800円という

当時の電卓の価格相場の半額程度で大きな反響を得ました。のちにオムロンショックと呼ばれた現象で、その後、電卓の小型化と低価格化が一気に激化したのです。1972年に発売されたOMRON800Kは29,800円でした。

■ SOBAX　ICC-88

1971年　ソニー

ソニー唯一の携帯型電卓。デスクトップで使うときはチャージャーにセットして使います。本体には充電池が内蔵されており、充電5時間で2～3時間使用できます。演算素子にはMOS LSIを使用し、表示には8桁の平面表示管(プラニトロン)を使用しています。計算は計算式どおりで、16桁まで計算可能。1.7kg(本体のみ880g)。価格は79,800円。

■ 66-DA

1972年　ビジコン社

最初に計算式を憶えさせれば、あとの計算はデータ入力と"FWD"キーを押すだけのプログラムストアード方式を採用したプログラム電卓。演算素子にはMOS LSIやDTL ICを採用し、オールIC化を実現しました。16桁でメモリを6語備えています。基本的なプログラム例としては、三角関数、逆三角関数、対数関数、指数関数、双曲線関数、高次根、階乗、複素数の計算、百分率計算、標準偏差などが可能です。7kg。価格は320,000円。

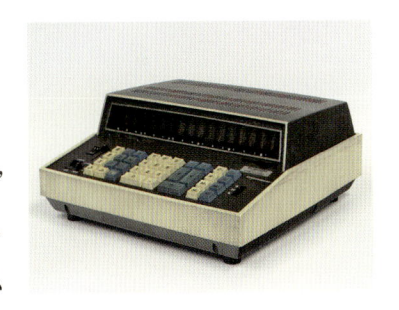

■ カシオミニ

1972年　カシオ

価格の12,800円は当時の相場の3分の1の低価格。販売台数は、発売後10ヶ月で100万台、3年で600万台と爆発的な売り上げを記録しました。カシオミニの登場により、電卓を1人が1台もつ時代へ突入しました。

■ HP-35

1972年　ヒューレッド・パッカード社

Hewlett-Packard社最初のポケット電卓。世界で最初のポケットサイズ関数電卓。基本的な四則演算（加減乗除）しかできなかった当時のほかの電卓とは違い、計算尺でできるすべての関数演算などが可能でした。HP-35の登場で、計算尺は廃れていったといわれています。いつでもどこでも、ほぼ瞬時に正確な科学演算ができるようになったことで、「技術変化のペースを速め、エンジニアリングに革命を起こすのに貢献した」と高く評価されています。

■ EL-805

1973年　シャープ

世界初の液晶（COS-LCD）電卓。発売価格は26,800円とライバルのカシオミニの倍以上したものの、単3電池1本で100時間の連続使用ができたことから、価格が高い

にもかかわらずヒットしました。この電卓をきっかけに携帯型電卓の表示機能は蛍光管から液晶にかわりました。そして、電卓戦争の中心は価格から薄さに移行していき、電卓の発達史を語る上で非常に重要な電卓といわれました。210g（乾電池を含む）。

■ fx-10

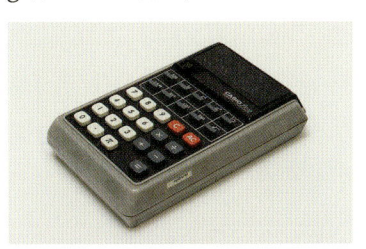

1974年　カシオ

最初のポケットサイズ関数電卓。10関数。330g。価格は24,800円。

■ HP-65

1974年　ヒューレッド・パッカード社

世界で最初のプログラム可能なポケット電卓といわれています。プログラムを保存するためのカードリーダーを備えていました。世界で最初のコンピュータであるMITS-Altairより1年前に発売されたにもかかわらず、性能的にははるかに進んだ機能を持っていました。

■ EL-8130

1977年　シャープ

薄型化を図ったボタンのない世界初タッチキータイプ。カシオとシャープが開発を競い合う中、名刺の大きさ、液晶表示、メモリ付きで携帯に便利な軽さの電卓が生まれました。5ミリの薄さとメタリックなデザインが人気でした。メモリ付価格は8,500円。

■ LC-78

1978年　カシオ

　世界で最初の名刺サイズ電卓であり、薄さの面でも当時最も薄かったシャープのボタンレス電卓EL-8130の5ミリを下回る3.9ミリを実現しました。他のものと一緒にポケットに入れておくことができるということで、円高不況の真最中に売り出されたにもかかわらず、爆発的なブームを巻き起こし、注文が殺到しました。カシオミニがピーク時で月産20万台だったのに対し、LC-78は月産40万台を生産したといわれています。黄色液晶。価格は6,500円。

■ SL-800

1983年　カシオ

　カードタイプで世界最薄の電卓。名刺サイズ（幅85㎜、奥行54㎜）で厚さがわずか0.8㎜、重さが12グラムと軽薄短小の極致を実現した電卓。20年前、20キロ近くあった電卓が激しい技術革新の結果ついにこの水準までたどりつくことができた、記念碑的電卓です。ニューヨーク近代美術館の永久所蔵品にもなっています。ＬＳＩ（大規模集積回路）、液晶表示板、太陽電池などの部品をすべてフィルム状にし、これらを接着剤ではり合わせるという新生産方式をとり入れたカード型電卓で、厚さは従来の薄い電卓の半分になったのです。価格は5,900円。

第 3 節

パソコン

第5章

　インテル社のホフ (M. T. Hoff) は、1974年に日本ビジコンから引き抜いた嶋正利とともに8ビットのマイクロプロセッサー、インテル8080を開発しました。このマイクロプロセッサーは、パソコンだけでなく多くの電気製品、自動車などの工業製品の制御機構に組み込まれるようになりました。世界初のパーソナルコンピュータ(パソコン)と言われる「ALTAIR」は、アメリカのMITS社という小さな会社から1974年に発売されました。1976年に後継機種IMSAIを発売しましたが、当時はまだパソコンはマニアの世界のものだったのです。

　パソコンの普及とともに歩みを続けるマイクロソフト社の誕生が1975年、そして翌1976年にはアップルコンピュータ社の「Apple I」、NECのマイコンキット「TK-80」が発売されています。パソコンの草分け的存在の「Apple II」が1977年に発売され普及を推進し、1980年代にはビジネス向けパソコンがワードプロセッサー(ワープロ)とともに企業を中心に普及していきました。

　IBM社が本格的に参入するようになると、IBM社が発売したPC/ATのDOS/Vと呼ばれるOS (Operating System；装置の動

作と管理をするプログラム)との互換性が、アップルコンピュータ社のMacintoshを除いて、次第に標準化していきました。マイクロプロセッサーも8ビットから1980年代には16ビット、1990年代には32ビットと進化していきました。

　日本では1970年代末にはシャープのMZ-80、日立のMB-6880、NECのPC-8001が御三家といわれました。ビジネスにとって欠かせないものとなっていったパソコンは1990年代に入り、家庭へも浸透し始めました。ゲームセンターが各地にできたことの影響もあって、コンピュータゲームなどに使用するホビーパソコンの需要も増しました。

　1990年代後半には、BASICおよびMS-DOSの開発者であるビル・ゲイツ(Bill Gates 1955-)が創業したマイクロソフト社のOS "Windows" の全盛時代になり、2010年には90%のシェアになっています。広く普及したパソコンは、現在ではインターネットの道具などとして、ビジネスにも家庭にも必要不可欠なものとなっています。以下に、年代順に近代科学資料館の代表的なパソコンを紹介します。

■ Apple II

1977年　アップルコンピュータ社

手作りの「Apple I」に続く、事実上の量産初号機。CPUはモステクノロジー社、6502。

Apple IIの大ヒットとともに「パーソナルコンピュータ」(=「個人のためのコンピュータ」)という名称が次第に定着していくことになりました。表計算ソフトウェア、「VisiCalc」の母胎となりました。

■ NEC　PC-8001

1979年　NEC (日本電気)

日立のベーシックマスターに国産初の称号は譲りましたが、ほとんど同時に市販されたNEC最初のパソコン。30年後から振り返れば、英数字とカタカナだけの表示、BASICプログラム、外部記憶としてのカセットテープなど、ほとんどが過去のものとなっていますが、懐かしむ人が多いという点では一番人気かもしれません。

■ ベーシックマスター　レベル2

1979年　日立製作所

型番MB-6880L2、初号6880の改良版。専用ディスプレイへのRGB出力の他、既存家庭用テレビへの出力、外部記憶カセットテープ入出力機能を備え、BASICプログラム、簡便な音階を奏でる機能などにより、NECの

8000とともに、ホビーユースをも含めたパソコンの市場展開を先導するものとなりました。

■ FUJITSU MICRO 8

1981年　富士通

国産パソコンで最初に漢字処理機能を標準搭載（厳密には、非漢字+JIS第一水準3,418字のキャラクターセットは、40,000円のオプション）。メモリには容量64Kビットの超LSIメモリーを採用。価格は本体218,000円、CRTディスプレイ188,000円。

■ Macintosh(512K)

1984年　アップルコンピュータ社

アップルコンピュータ社初のGUI（グラフィカル・ユーザ・インタフェース）を採用した前年発表のLisaに続くパソコン。CRT一体型の筐体（きょうたい）に本体フロッピードライブを内蔵、初号の拡張不可能な128Kメモリ容量が性能上のネックとなったために、4倍に拡大した緊急改良版です。

■ MSX2　HB-F1
1986年　ソニー

　MSX2は、MSXに比べグラフィック機能が大幅に強化されました。HB-F1はMSX2規格対応のパソコンで、1行80文字、同時256色表示を可能にしました。ゲームが楽しめるように、レバーひとつでゲームスピードが調整できるスピードコントローラとボードスイッチを搭載。対応ソフトHiT BiTを改良し、時計・電卓・カレンダー機能も付加しました。

■ iMac
1998年 アップルコンピュータ社

　デザインには関心がなかったパソコンの世界に、5色から選択できる内部が透けて見える斬新な筐体を持ち込んだ異色作。ジョナサン・アイブのデザイン。発表から1週間で15万台を売り上げ、Windowsとの戦いで前年度の市場占有率を3％にまで落としていたアップル社の社業回復に、大いに貢献しました。

第 4 節

コンピュータゲーム

　店頭で遊ぶアーケードゲーム、家庭で楽しむテレビゲーム、パソコン上のアプリケーションで動かすパソコンゲーム、そして電卓を応用して作られた電子携帯ゲームと、コンピュータゲームといってもゲームをする場所・機器によって分類され、それぞれに歴史があります。誰もが使いやすく、高度なゲームをより楽しむために、ゲーム機器はその時代の先端技術を導入しながら、進化を続けています。ゲームに特化したチップを作るため、独自の半導体工場を作るまでとなりました。また、小さな子どもも含めた誰もが使いこなすことができる操作性を追求したゲームコントローラーの技術開発は、コンピュータと人とをつなぐ究極のユーザーインターフェースを生み、コンピュータの普及と発展を促したともいえます。

　テレビゲームのルーツは、1958年アメリカのブルックヘイブン国立研究所一般公開の際に、オシロスコープを電気的な測定機器ではなくテニスゲームをする画面として使ったものにたどり着きます。子ども向けに物理学者が作ったものでした。MIT（マサチューセッツ工科大学）の人工知能研究所では、1962年にSFファンによって世

界初のコンピュータゲーム「Spacewar!」がブラウン管を使って作られました。家庭用のテレビ画面で動く映像を自由に操作したい、というテレビ技術者の遊び心から1968年に「BROWN BOX」が生まれましたが、商用化までは至らず、世界初の商用化家庭用テレビゲーム機「ODYSSEY」が発売されたのは1972年でした。その年、コンピュータ本体のデモプログラムからヒントを得てアーケード版の元祖「PONG」がアタリ社より販売され、大ヒットしました。

国内ではタイトーとセガを中心にアーケードゲームの開発が始まり、1978年には国産で初めてマイクロプロセッサーを使ったテーブル型の「スペースインベーダー」(タイトー)が生まれ一気に市場へと広まり、社会現象となりました。

1977年から1978年というのは、アメリカで「AppleⅡ」(アップルコンピュータ)、「TRS-80」(タンディラジオシャック)、「PET2001」(コモドール)というマイコン御三家といわれるパソコンが次々と発売された時期になります。ユーザーがプログラムを作る環境が整い、特にカラーで画面出力できる「AppleⅡ」のユー

TRS-80   PET2001

ザーによってロールプレイングゲーム(RPG)が開発されました。1979年には「PC-8001」(NEC)、1980年「MZ-8」(シャープ)、1981年「FM8」(富士通)と国産パソコンが発売され、それらに対応したゲームも次々と発売されグラフィック容量の増大とともにゲームソフトの性能も向上していきました。

　パソコンの利用により複雑な乱数計算と駒の配置をプログラミングし、シミュレーションできるようになり、シミュレーションゲームという新しい分野が生まれました。ロングセラーとなる歴史シミュレーション「信長の野望」シリーズ第1作は、1983年にテープ版で発売されました。

　1983年は、日本のゲーム文化の原点といわれる任天堂のファミリーコンピュータ(ファミコン)が発売された年です。ソフト内蔵型家庭用ゲーム機「テレビゲーム15」と「テレビゲーム6」を1977年に三菱電機との共同開発で世に送り出していた任天堂は、1980年に携帯型の液晶ゲーム「ゲーム&ウォッチ」を発売。壊れにくく操作のしやすさを求めて開発された"十字キー"を初採用した「ゲーム&ウォッチ　ドンキーコング」を1982年に発売しました。この"十字キー"は、その後のコントローラ用方向スイッチとして使用されることとなります。ユーザーを飽きさせないことを目標としていた任天堂は、ゲームソフト開発にも力を注ぎ、ゲームメーカーとライセンス方式の契約を結び、正規のライセンスのみゲームが動くキーチップを組み込み、ソフトの偽造を防ぐことになります。ハード販売とソフトのライセンス料で利益を上げるゲーム業界のビジネス形態がファミコンによって確立していきます。

1985年には横スクロール型アクションゲーム「スーパーマリオブラザーズ」、1986年にはファミコン初の本格的RPG「ドラゴンクエスト」と、ファミコンの発展のみならず日本のエンターテイメント産業を支えるキャラクターが立て続けに誕生していきました。
　また、「ゲーム＆ウォッチ」の開発者によって、ゲーム内容を変更できるカセット式への工夫の中で生まれたのが、1989年に完成した「ゲームボーイ」であり、携帯ゲーム機の基礎となりました。
　1994年末から始まった３大ゲーム機の時代は、それぞれが競うことで家庭用ゲーム機が発展し、半導体開発、カラー液晶ビジネス、ソフトウエア開発などコンピュータ産業への貢献も大きなものでした。３大ゲーム機とは1994年11月発売「セガサターン」（セガ・エンタープライゼス）、12月発売「プレイステーション」（ソニー・コンピュータエンタテインメント）、その遅れること１年半後に発売された「NINTENDO64」（任天堂）です。この３つのゲーム機はそれぞれの特徴をもつ新たなゲームユーザーを開拓し市場を広げていきました。さらに1998年には家庭用初のオンライン対応ゲーム機「ドリームキャスト」がセガ・エンタープライゼスより発売され、同時代のWindowsパソコンに使われていたペンティアムプロセッサの性能をはるかに上回る実力でした。しかし、その４ヶ月後に「プレイステーション２」、さらにその後「ゲームキューブ」が発売されるなかで「ドリームキャスト」は売り上げが伸びず、セガの家庭用ゲーム機の歴史は幕を閉じることとなりました。
　ドリームキャスト以降は、ゲーム機とパソコンの仕様の差が少なくなり、ゲーム機はむしろグラフィック性能ではパソコンをリードするまでとなり、高度な商品開発の結果、技術集約型の産業へと成

長しました。パソコン環境を取り入れたマイクロソフト社の「Xbox（エックスボックス）」、DVDプレイヤー機能を搭載した「プレイステーション2」などパソコン、家電製品の境界線をも越え、先端技術を結集し進化を続けているのです。

以下のページでは代表的なゲーム機を年代ごとにたどっていってみます。

■ カラーテレビゲーム15
1977年　任天堂

三菱電機との共同開発により発売された据付型ゲーム機。15種類のゲームが内蔵されており、同時期に発売された「カラーテレビゲーム6」と合わせて100万台の売り上げを記録しました。

■ ゲーム&ウォッチ
1980年　任天堂

初期の携帯型ゲーム機。2年後に発売された「ドンキーコング」には十字キーが採用され、後のファミコンに受け継がれていきました。

■ カセットビジョン

1981年　エポック社

NECとの共同開発により発売された据付型ゲーム機。4ビットCPUを搭載した国産初のカセット型テレビゲーム。

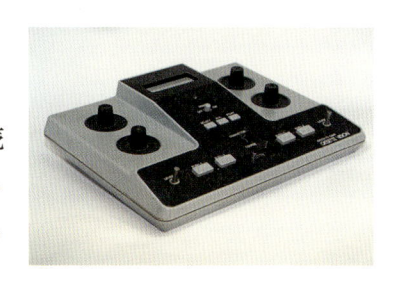

■ ファミリーコンピュータ

1983年　任天堂

任天堂が玩具業界での地位を確かなものとした8ビットCPU搭載の据付型ゲーム機。14,800円という低価格で販売され、2ヶ月で50万台の売り上げを記録しました。

■ MEGA DRIVE(海外名称：ジェネシス)

1988年　セガ・エンタープライゼス

ファミコンの対抗機として発売された、16ビットCPU搭載の据付型ゲーム機。1991年に発売されたソフト「ソニック・ザ・ヘッジホッグ」が海外で爆発的な売り上げを記録し、海外でスーパーファミコンの対抗機種となりました。

■ ゲームボーイ

1989年　任天堂

ソフトを交換することができる携帯型ゲーム機。消費電力を抑えるためにモノクロ画面が採用されました（写真は1994年に発売された同スペックの「ゲームボーイブロス」）。

■ スーパーファミコン

1990年　任天堂

ファミリーコンピューター（ファミコン）の後継機。16ビットCPU搭載で、当時最大級のスペックを誇り、ファミコンには搭載されていない拡縮回転機能、多重スクロールなどのグラフィック機能や、ソニーから技術提供を受けたPCM音源による高品質サウンドが高い評価を得ました。

■ GAME GEAR

1990年　セガ・エンタープライゼス

カラー液晶の携帯型ゲーム機。専用チューナーを使用することでテレビを見ることができました。

■ セガサターン

1994年　セガ・エンタープライゼス

ソフトにCD-ROMを採用した64ビットCPU搭載の据付型ゲーム機。当時アーケードで人気であったフルポリゴンゲームをソフトに移植し発売したことで話題となりました。

■ PlayStation

1994年　ソニー・コンピュータエンタテインメント

ソフトにCD- ROMを採用した64ビットCPU搭載の据付型ゲーム機。発売当時の価格は39,800円でしたが、モデルチェンジした新型を29,800円で販売し、後に世界出荷台数7,000万台を突破する、当時世界一のゲーム機となりました。

■ REAL FZ-1

1994年　パナソニック（松下電機産業）

CD-ROMを媒体とする32ビット型次世代ハード機の統一規格「３DO」の戦略構想の先駆けとし

て発売された据付型ゲーム機。次世代ゲーム機として発売前から話題となりましたが、ハード、ソフトともに高額であったことや、ソフトのヒット作に恵まれなかったことが原因となり、一般ユーザーには受け入れにくかったのでした。

■ NINTENDO64

1996年　任天堂

シリコングラフィックス社との共同開発により、リアルな３Ｄ映像を可能にした据付型ゲーム機。システムが複雑でソフト開発が難航し、開発者側を容量不足で悩ませる結果となりました。

■ Dreamcast

1998年　セガ・エンタープライゼス

自社の社員が出演したＣＭで話題となった据付型ゲーム機。性能は優れていましたが、発売時期が悪かったこともあり、人気を独占するには至りませんでした。

■ PlayStation２

2000年　ソニー・コンピュータエンタテインメント

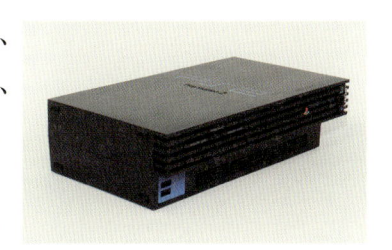

プレイステーションの後継機で、東芝とビジネスパートナーを組み、オリジナルのCPUである「エモーションエンジン」、描画プロセッサ「グラフィックスシンセサイザ」を搭載しました。さらに初代プレイステーションとの互換性も確保され、DVDプレイヤーとしても利用できることから人気を博し、発売から３日間で約100万台を売り上げる大ヒットとなりました。

■ ゲームキューブ

2001年　任天堂

NINTENDO64での反省を活かし、スペックよりも実効性能を重視して開発された据付型ゲーム機。グラフィックデータの制御に伴うCPUの負荷を可能な限り軽減できるように設計されているため、開発者側がゲームを作りやすくなりました。

■ ゲームボーイアドバンス

2001年　任天堂

カラー液晶を採用し、フルモデルチェンジしたゲームボーイの後継機。初代との互換性もあり、ほぼすべてのゲームボーイソフトをプレイすることができました。

■ Xbox

2002年　マイクロソフト社

Windows環境でゲームを製作するときに使用する基本ソフト、「DirectX」のテクノロジーを使って開発された据付型ゲーム機。北米で日本以上の人気を博し、独特の市場を形成しました。

もっと詳しく知りたい人のための参考文献

『計算尺発達史』宮崎治助著、オーム社(1956)。
『珠算の歴史』鈴木久男著、富士短大出版部(1964)。
『計算機の歴史』H. H. Goldstein著、末包良太、米口肇、犬伏茂之訳(Princeton University Press, New Jersey, 1972)。
『計算機歴史物語』内山昭著、岩波新書233、岩波書店(1983)。
『日本のコンピュータの歴史』情報処理学会歴史特別委員会編、オーム社(1985)。
『デジタル計算の歴史』P. A. Kidwell and P.E. Ceruzzi著、渡辺了介訳、(株)ジャストシステム(1995)。
『身近な数学の歴史―そろばんからコンピュータまで』船山良三著、東洋書店(1996)。
『テレビゲームとデジタル科学』国立科学博物館特別展、ユビキタス・ゲーミング著作・製作(2004)。
『美　機械式計算機の世界』渡辺祐三著、(株)ブレーン出版(2007)。
『電卓のデザイン』大崎眞一郎著、(株)太田出版(2012)。

計算機の歴史年表

時代	年代	事項
計算道具時代	紀元前500年	ギリシャでカルクリ(小石)を用いてアバカス(算盤)上で計算が行われた。ヨーロッパではジュトン(金属コイン)と石盤、中国では算木と算盤上での計算として受け継がれた
	14C	中国でそろばんが普及
	1614	ネピア(イギリス):対数表を発明
	1617	ネピア:計算棒を用いた計算法を出版
	1620	ガンター(イギリス):ガンター尺製作。1622年にオートレッド(イギリス):ガンター尺を用いた計算尺発明。その後18cにマンハイム(フランス):カーソルを用いたマンハイム型計算尺を製作
計算機械時代	1623	シッカート(ドイツ):加減計算機を設計
	1642	パスカル(フランス):歯車式加算機(パスカリーヌ)製作
	1673	ライプニッツ(ドイツ):歯車式の加減乗除の計算機製作
	1820	トーマ(フランス)アリスモメータ(量産機械式加算機)開発
	1822	バベイジ(イギリス):数表計算用の「階差機関」試作
	1834	バベイジ:プログラム可能な「解析機関」の開発開始、未完成に終わる
	1876	ケルビン卿(イギリス):調和解析機、潮汐解析器製作
	1886	フェルト(アメリカ):フルキー式加算機「コンプトメータ」製作
	1890	ホレリス(アメリカ):開発した「パンチカード装置」を国勢調査に使用。後にコンピュータ制御にも利用
	1894	逸見治郎:竹製計算尺の特許取得、その後ヘンミ計算尺として世界に普及
	1902	矢頭良一:わが国初の手動計算機製作
	1923	大本寅次郎:タイガー計算器製造販売。1970年代まで50万台販売
	1930	ブッシュ(アメリカ):ブッシュ式アナログ微分解析機開発
	1930年代前半	アタナソフ、フォン・ノイマン(アメリカ):電子計数型計算機の原理考案、理論設計
	1936	チューリング(イギリス):コンピュータ・ソフトウエアの基礎理論確立
	1941	ツーゼ(ドイツ):プログラム可能な電気式計数計算機第1号完成
	1943	エイケン(アメリカ):大型電気機械式コンピュータMarkⅠ完成

時代	年代	事項
コンピュータ時代	1945	エッカートとモークリー(アメリカ)はフォン・ノイマン(アメリカ)の協力の下に2進法の最初の真空管コンピュータENIACを完成
	1949	ENIACの後継機種として初のプログラム内蔵型コンピュータEDVAC完成
	1954	後藤英一:パラメトロン計算機発明。1957年に1号機開発
	1955	IBM社がFORTRAN言語開発
	1956	岡崎文次:レンズ設計のために国産初の第1世代コンピュータFUJIC開発
	1959	山下英男ら:大型国産コンピュータTACを完成
	1950年代終わり	トランジスタを用いた第2世代コンピュータとしてIBM1401、UNIVACⅢなど発売
	1962	イギリスで最初の電卓発売。1964年シャープ、ソニーからも発売、非常に重く高価
	1964	ICを用いた第3世代コンピュータIBM360発表
	1971	嶋正利ら:4ビットマイクロプロセッサ インテル4004開発。1974年8ビットインテル8080開発。電卓、パソコンなど電気製品に組み込まれる
	1970年代	アメリカのHP、TAおよび日本のキヤノン、シャープ、カシオ、ビジコンなどからポケット電卓発売
	1975	マイクロソフト社誕生
	1976	スーパーコンピュータ"CRAY I"発表
	1977	アップルコンピュータ社誕生、パソコンの草分け的"AppleⅡ"を発売
	1980	IBM社がマイクロソフト社の"MS-DOS"をパソコンのOSとして採用、Macintoshを除いて標準化していく
	1980年代	LSIを用いた第4世代コンピュータとしてIBM4300, HITAC-M280, FACOM-M380など発売
	1980年代後半	テレビゲーム、パソコンゲーム、携帯ゲーム機など「コンピュータゲーム」が世界的に流行
	1990年代	携帯電話が普及、その後進化し続け、パソコン機能をもちインターネット接続可能なスマートフォンに発展し、2010年には爆発的に普及し始める

あとがき

　個人的なことですが、私は1950年代に学生生活を送りましたので、計算尺やタイガー計算器をよく利用しました。また、対数表や三角関数表も日常的に使っていました。その後、ガチャガチャとうるさい電動式卓上計算機や出始めたばかりの極めて高価で大きな電子式卓上計算機なども使いましたし、IBMカードが出る前の初期の紙テープで入力するコンピュータも経験しました。まさに計算技術の発展の恩恵を身をもって感じつつ人生を過ごすことができたことはたいへん貴重な経験であったと思っています。私は計算機の専門家ではありませんが、このような経験から昔の不便さを回顧しつつ本書を執筆いたしました。若い皆さん方は、物心がついたときにはすでに世の中がコンピュータ社会になっていましたので、電卓やパソコン、インターネット、携帯電話などはあるのが当たり前という社会で暮らしてきたと思います。しかし、現在でも世界の人口の半数以上は昔の人に近い生活をしているのです。ですから、たまには昔の人が如何に苦労して生活していたかを知りそれを実感することは、皆さんのこれからの生き方に何らかの示唆を与えてくれるのではないかと思います。

　本書では、太古から現代に至る、人類の計算技術の進歩について、近代科学資料館が所蔵するものを中心に話を展開してきました。そのため、この半世紀ほどの間の大型コンピュータの発展の歴史に関しては必ずしも十分な内容ではないことをお断りしなければなりま

せん。本の中では述べませんでしたが、大型コンピュータの進歩は科学の発展に非常に大きな役割を果たしてきたことを忘れてはなりません。スーパーコンピュータの発展により「地球シミュレータ」では地球全体の自然現象をグローバルに解析し理解することが可能になりましたし、さまざまな物質内で起こる現象を物理学の基本法則に則って原子レベルで解析し理解することも可能になりました。そして、まだ解明されていない複雑な現象や生命の営みなども、いずれ第5世代のコンピュータの実現によって解明される日がくると期待されます。現在、試行錯誤で行われている極めて能率の悪い新薬の開発なども、いずれコンピュータで設計できる時代が来ると思います。ですから、若い皆さん方は、コンピュータの発達で実現した情報化社会の中で流されて過ごすだけでなく、自らコンピュータを新しい分野に利用することを目指して勉強することを願います。

　最後に、本書の執筆に当って、執筆にご協力（特に第5章について）いただくと共に写真などの資料作成を一手に引き受けて頂いた近代科学資料館学芸員の大石和江さん、また、本書の出版に当りたいへんお世話になった東京書籍株式会社の植草武士氏に感謝いたします。

2012年8月

東京理科大学近代科学資料館館長　　竹　内　　伸

東京理科大学 近代科学資料館
[入館無料]

- JR総武線 飯田橋 西口　徒歩[約4分]
- 地下鉄 飯田橋B3出口　徒歩[約3分]

〒162-8601　東京都新宿区神楽坂1-3
　　　　　　TEL.03-5228-8224　FAX.03-5228-8116
[開館時間]　10:00〜16:00
[休館日]　　日曜・祝日・月曜・大学の休業日

8号館 (談話室・学食)
若宮公園
6号館
2号館
3号館
近代科学資料館
1号館
7号館
9号館
双葉ビル
外堀通り
外濠

森戸記念館

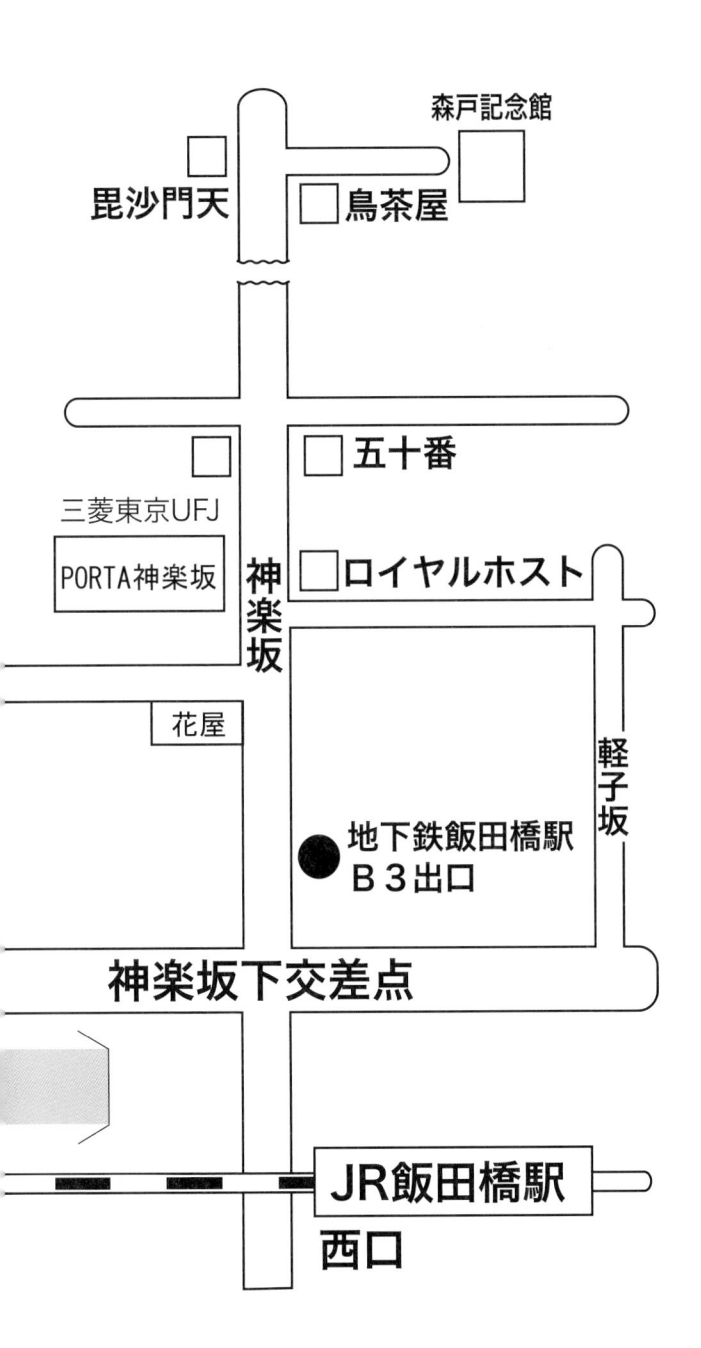

毘沙門天　鳥茶屋

五十番

三菱東京UFJ
PORTA神楽坂

神楽坂

ロイヤルホスト

花屋

軽子坂

● 地下鉄飯田橋駅
　 B3出口

神楽坂下交差点

JR飯田橋駅
西口

東京理科大学
坊っちゃん科学シリーズ
発刊にあたって

　130年以上の歴史と、在学生2万人をこえる理工系総合大学の東京理科大学はすばらしい大学です。

　東京理科大学の淵源は、明治14年、東京帝国大学物理学科の卒業生によって「国家の興隆の基礎は、理学の普及発達を図るにあり」との理念と情熱を持って創設された「東京物理学講習所」（2年後に東京物理学校と改称）に遡ります。また、この「理学の普及」を揚げた建学精神は、「科学技術の創成と普及を通じた自然と人と社会の調和的発展への貢献」を掲げる現在の東京理科大学の教育研究理念に脈々と受け継がれています。

　さらに、東京理科大学の評判を今も高めている理由については、以下のように言われていることによります。つまり、設立当初より「実力主義」「実学重視」を徹底し、「真の実力を身に付けた者しか卒業させない」として、東京理科大学の卒業生の「質」を保証していることです。また、従来から「理科及び数学教育」を重んじ、「理数系教員の育成輩出」を使命として明確に揚げ、レベルの高い取り組みを行っていること、などです。

　中学生や高校生の理科離れが深刻な問題となっていると言われた

こともありますし、大人たちの間でも科学に対する興味が薄らいでいるとの指摘があります。しかし我が国は、資源に乏しく、人材こそが最大の重要な資源です。科学・技術を用いての発展こそがもっとも大事な課題です。

　理科好きの若者を増やすことが、今こそ大事なことです。身のまわりの草花を見ても、また、いろいろな動物の行動を見ても少しでも特別な関心をもって注意深く観察してみると、おもしろいことばかりです。

　本シリーズは、今までに14冊刊行されてきた「坊っちゃん選書」をリニューアルして新しく刊行するものです。全国の高等学校の図書室などに置いていただきたいと願っています。東京理科大学の先生方に最先端の科学技術を含めて、おもしろく、わかりやすく説明してもらいます。

2012年6月1日

東京理科大学　学長

藤嶋　昭

竹内 伸 （たけうち・しん）

1935年　東京都生まれ
1960年　東京大学理学部物理学科卒業
1969年　東京大学物性研究所助教授
同　年　東京大学理学博士
1983年　東京大学物性研究所教授
1991〜1996年　同所長
1996年　東京理科大学基礎工学部教授
2006〜2009年　東京理科大学学長
現　在　東京理科大学 近代科学資料館館長
　　　　東京大学名誉教授、東京理科大学名誉教授

装丁・ブックデザイン
奥谷 晶

編集協力
大石和江

東京理科大学　坊っちゃん科学シリーズ2
実物でたどる　コンピュータの歴史
〜石ころからリンゴへ〜

2012年8月31日　第一刷発行

編　者　東京理科大学出版センター
著　者　竹内 伸
発行者　川畑慈範
発行所　東京書籍株式会社
　　　　東京都北区堀船2-17-1　〒114-8524
　　　　03-5390-7531（営業）／03-5390-7455（編集）
　　　　URL=http://www.tokyo-shoseki.co.jp

印刷・製本　株式会社リーブルテック

Copyright © 2012 by TOKYO UNIVERSITY OF SCIENCE,
Shin Takeuchi
All rights reserved.
Printed in Japan

ISBN978-4-487-80692-8 C0340
乱丁・落丁の場合はお取替えいたします。
定価はカバーに表示してあります。
本書の内容の無断使用はかたくお断りいたします。